新工科暨卓越工程师教育培养计划电子信息类专业系列教材
普通高等学校“十四五”规划电子信息类专业特色教材
华东交通大学教材（专著）出版基金资助项目

丛书顾问/郝　跃

SHUZI DIANZI JISHU SHIYAN YU KECHENG SHEJI SHIXUN

数字电子技术实验与课程设计实训

■ 主　编/黄招娣　任宝平　黄德昌
■ 副主编/王建清　程莉萍　黄俊仕

華中科技大學出版社
http://www.hustp.com
中国·武汉

内容简介

本书是新工科相关专业数字电路、数字电子技术和专业创新创业实践课程的实验教材，是以实操性和实践性为主的专业技术基础实训教材，是以学生为中心的教学实践教材，也是培养学生实践能力和创新能力的实训教材。

本书可作为新工科相关专业数字电子技术实验教材，也可作为数字电子技术课程设计和创新实践环节的实用性教学指导书，还可作为相关专业工程技术人员的业务参考书。

图书在版编目(CIP)数据

数字电子技术实验与课程设计实训/黄招娣，任宝平，黄德昌主编. —武汉：华中科技大学出版社，2021.6(2024.2 重印)

ISBN 978-7-5680-7143-7

Ⅰ.①数… Ⅱ.①黄… ②任… ③黄… Ⅲ.①数字电路-电子技术-实验-高等学校-教材 Ⅳ.①TN79-33

中国版本图书馆 CIP 数据核字(2021)第 091326 号

数字电子技术实验与课程设计实训

Shuzi Dianzi Jishu Shiyan yu Kecheng Sheji Shixun

黄招娣　任宝平　黄德昌　主编

策划编辑：祖　鹏
责任编辑：刘艳花
封面设计：秦　茹
责任校对：刘　竣
责任监印：周治超
出版发行：华中科技大学出版社(中国·武汉)　电话：(027)81321913
武汉市东湖新技术开发区华工科技园　邮编：430223
录　　排：武汉市洪山区佳年华文印部
印　　刷：武汉开心印印刷有限公司
开　　本：787mm×1092mm　1/16
印　　张：11
字　　数：263 千字
版　　次：2024 年 2 月第 1 版第 2 次印刷
定　　价：38.60 元

本书若有印装质量问题，请向出版社营销中心调换
全国免费服务热线：400-6679-118　竭诚为您服务
版权所有　侵权必究

编　委　会

顾问　郝　跃（西安电子科技大学）

编委　（按姓氏笔画排名）

万永菁（华东理工大学）

王志军（北京大学）

方　娟（北京工业大学）

尹宏鹏（重庆大学）

尹学锋（同济大学）

刘　爽（电子科技大学）

刘　强（天津大学）

刘有耀（西安邮电大学）

孙闽红（杭州电子科技大学）

杨晓非（华中科技大学）

吴怀宇（武汉科技大学）

张永辉（海南大学）

张朝柱（哈尔滨工程大学）

金湘亮（湖南师范大学）

赵军辉（华东交通大学）

胡立坤（广西大学）

柳　宁（暨南大学）

姜胜林（华中科技大学）

凌　翔（电子科技大学）

唐朝京（国防科技大学）

童美松（同济大学）

曾以成（湘潭大学）

曾庆山（郑州大学）

雷鑑铭（华中科技大学）

前言

在我国工程教育专业认证体系实现国际实质等效的契机下，“新工科”理念率先被提出，并形成了“复旦共识”“天大行动”“北京指南”三部曲，由此标志着我国高等院校进入工程教育改革的新时代。“新工科”建设将阶段性开启工程教育改革新篇章，重点突出学与教、实践与创新创业、本土化与国际化的发展。为满足新工科各相关专业的数字电子技术实验教学的要求，数字电子技术必将迎来一个全新的机遇与挑战。

本书是新工科相关专业数字电路、数字电子技术和专业创新创业实践课程的实验教材，是以实操性和实践性为主的专业技术基础实训教材，是新工科相关专业基础实训的重要内容，是以学生为中心教学的实践教材，也是培养学生实践能力和创新能力的实训教材。

本书的编者有的是创新实验中心主任，有的是创新创业科技竞赛指导老师，还有的是数字电子技术实验老师，他们具有多年指导学生数字电子技术实验和辅导学生参加创新创业科技竞赛的经验。为此，本书着力于实践技能的培养，突出以学生为中心的“做中学”。其特点如下：

(1) 创新育人理念。突出“技能训练为基础，创新实践为核心”的育人理念，注重培养学生的兴趣，始终围绕新工科建设路线，以培养学生团队意识、沟通能力、动手实践能力和解决实际工程问题能力为目标。

(2) 改革教学方法。实施基于TBL-CDIO的教学方法(以学生为中心、以团队为核心、以项目驱动“做中学”的教学方法)，不仅适合于实验教学，也适合于电子爱好者自学。

(3) 内容丰富，适用范围宽广。采用Proteus 8.6 Professional仿真工具进行数字电子技术实验的理论仿真；所涉及实验内容十分具体、详细，既有学科基础实践实验，又有学科综合实践实验，还有新工科视域下的数字电子技术课程设计项目，适用于新工科各相关专业。

本书是根据新工科各相关专业对数字电子技术实验的需求，本着“技能训练为基础，创新实践为核心”的育人理念而创作的，以实操性和实践性为基础，以掌握数字电子技术方面的技能为目的。本书内容充实、详略得当、可读性强、信息量大；兼有实用性、资料性和先进性，含有大量来自生产实践的案例；文字流畅、图文并茂，便于学生在学习过程中更好地去理解。

本书可作为新工科相关专业数字电子技术实验教材，也可作为数字电子技术课程设计和创新实践环节的实用性指导书，还可作为其他相关专业和工程技术人员的业务参考书。

全书共分为5章。

第1章是数字电子技术实验与新工科课程设计基础。阐述了数字电子技术实验的基本要求、实验课程的任务与要求、新工科数字电子技术课程设计项目、常用电子仪器仪表的使用、实验与课程设计的安全措施及故障检测等相关知识。

第 2 章是仿真工具与实践。阐述了 Proteus 8.6 Professional 的基本功能，并通过举例进一步介绍了 Proteus 8.6 Professional 在数字电子技术仿真实验中的应用。

第 3 章是学科基础实验。主要介绍了 10 种学科基础实验，分别为 TTL 集电极开路门与三态输出门的应用、TTL 门路的逻辑功能与参数的测试、COMS 集成逻辑门参数测试、小规模组合逻辑电路、中规模组合逻辑电路、竞争与冒险、触发器及锁存器测试、集成计数器基本应用、移位寄存器功能检测和 555 定时器基本应用。

第 4 章是学科综合实验。主要介绍了 9 种学科综合实验，分别为三人表决器、简单门电路的比较器设计、两个一位数的全加器设计、74LS138 的两个两位数的比较器设计、用集成触发器设计分频电路、74LS161 设计多进制计数器、移位寄存器的应用、555 定时器的应用和 TTL 与非门电路构成脉冲单元电路。

第 5 章是新工科数字电子技术课程设计。分别介绍了交通灯的设计及应用(适合通信工程专业和物联网工程专业)、分频器的设计及应用(适合电气相关专业)、八路抢答器的设计及应用(适合建筑电气专业)、篮球计时器的设计及应用(适合电子信息类专业)、数字时钟的设计及应用(适合软件工程专业和光电信息专业)和彩灯的设计及应用(适合机械电子专业)。

附录介绍了 GL0101C 型实验箱芯片布置图、常用数字集成电路型号及引脚图，并给出了常用码表、实验报告模板，放置了第 5 章课程设计实验的参考电路图。

黄招娣拟订并编写了本书的大纲和目录，并编写了部分第 1 章、第 2 章、第 4 章和部分第 5 章的内容，任宝平、黄德昌、王建清和程莉萍编写了第 3 章和部分第 5 章的内容；黄俊仕编写部分附录和部分第 5 章的内容；李海宁和王凯锋编写部分第 1 章和部分附录的内容。华东交通大学赵军辉教授，南京信息工程大学钱承山教授，江西农业大学黄俊仕、赵雷老师为本书的编写给予了大力支持；华东交通大学通信电子创新基地的唐毅峰、胡天生、徐思飞和徐灏等学生为本书的编写做了大量修订工作，在此一并表示衷心感谢。同时，感谢华东交通大学通信电子创新基地的学生给予的大力支持，感谢华东交通大学基础实验与工程实践中心领导给予的支持和鼓励，感谢华东交通大学教材著作出版基金委员会的基金资助。

由于编者的知识与水平有限，书中难免有错误和疏漏，恳请广大读者批评指正。

编　者

2021 年 5 月

目录

1

数字电子技术实验与新工科课程设计基础

数字电子技术实验与课程设计实训课程是电子、信息、通信、物联网、电气、软件、光信息、机械电子和计算机等新工科相关专业学生学习数字电子技术基础、数字电子技术和数字电路基础课程配套的重要专业基础实践课程，是以实操性和实践性为主的专业技术基础实验教程，是新工科各相关专业基础实训的创新创业实践课程，是以学生为中心的实践教学课程，也是培养学生实践能力和创新能力的重要课程。

1.1 数字电子技术实验基础知识

数字电子技术实验基础知识围绕着《数字电子技术实验与课程设计实训》实验教材的基本操作，重点介绍数字电子技术实验的基本要求和数字电子技术实验的基本过程。

1.1.1 数字电子技术实验的基本要求

1. 实验总体目标

突出“技能训练为基础，创新实践为核心”的育人理念，始终围绕新工科建设路线，以培养学生团队意识、沟通能力、动手实践能力、创新工程实践能力和解决实际工程问题能力为实验总体目标。

2. 实验内容

数字电子技术实验与课程设计实训课程的实验内容有学科基础实验、学科综合实验和新工科视域下的数字电子技术课程设计实验。通过学科基础实验实践技能，在巩固和加深相关专业学科的基本理论的基础上，重点培养学生掌握实验工具(包括仪器、仪表和仿真工具等)、数字电路的基本测量技术、基本实验方法，突出培养学生的基本实验实践技能，为更加复杂的实验打下基础。学科综合实验一般提出实验任务与要求，给定功能和技术指标，由学生自己拟定实验实施方案，并完成实验任务，重点培养学生动手实践能力和创新工程实践能力。新工科视域下的数字电子技术课程设计要求学生利用所学习的理论知识，组建团队，结合自己所学专业，选择新工科视域下的数字电子技术课程设计项目，并按照设计要求逐项实现，从而全面培养学生团队意识、沟通能力、动手实践能力、创新工程实践能力和解决实际工程问题能力，为专业课程实验打下坚实的基础。

3. 实验总体要求

学生在实验前要进行预习与仿真，完成每个实验的预习要求和仿真，并撰写预习报告。预习报告内容如下。

(1) 实验名称、专业、班级、姓名、实验台账号、实验日期、指导老师。

(2) 列出本次实验所用电子仪器和仪表的数量与型号。

(3) 列出实验目的和实验要求。

(4) 撰写实验原理及理论计算与分析的结果。

(5) 进行实验电路设计及电路仿真，得出仿真结果。

(6) 确定详细的实验步骤，设计便利贴式实验数据记录表等。

掌握理论知识和实验原理，尽量带着问题进行实验。

在实验过程中，严格按照实验规范进行实验，学会识别和选择所需的元器件和仪器设备，进行实验设计，安装、调试和测试实验电路，总结实验数据，分析实验结果。

实验结束后，在预习报告的基础上，完成实验报告，分析和整理实验数据，加深对理论知识和实验原理的理解，加强应用理论知识解决实际问题的能力。

实验要求如下。

(1) 看懂基本数字电子电路原理图，具有分析电路的能力，具有合理选用元器件并设计数字电路的能力。

(2) 掌握检索文献和整合技术资料解决实际问题的方法，具有分析和排除基本数字电路故障的能力。

(3) 正确使用常用电子仪器和仪表，如示波器、信号发生器、数字万用表和稳压电源等；掌握常用电子测量仪器的选择和仪器的使用方法；掌握各种电路的基本测试方法。

(4) 能够根据实验任务拟定实验方案，独立完成实验，写出的实验报告必须严谨、有理论分析、实事求是、文字通顺并且字迹端正。

(5) 具有严肃、认真的工作习惯和实事求是的科学态度，具有正确处理实验数据、分析误差的能力。

(6) 掌握实验室的安全用电知识。

4. 实验报告撰写

实验报告是实验情况的总结，是在预习报告的基础上，根据实验目的、实验要求、实验数据，以及实验中观察和发现的问题，经过分析和整理之后得出的结论。学生通过分析、讨论，得出心得体会。要求每个实验每人一份实验报告，学生独立完成。实验报告具体内容如下。

(1) 实验名称、专业、班级、姓名、实验台账号、实验日期、指导老师。

(2) 列出本次实验所用电子仪器和仪表的数量与型号。

(3) 优化实验步骤。

(4) 合理使用便利贴式原始数据记录表。

(5) 整理数据并绘制相关曲线，数据要真实、可靠，曲线要光滑、有度。

（6）分析实验数据，得出合理的实验结果，给出明确的结论和心得体会。

1.1.2 数字电子技术实验的基本过程

1. 实验预习

实验是否能够顺利进行并得到预期成果，取决于实验之前，是否进行了充分且高效的预习和准备工作。因此在实验之前，必须详细阅读实验教材，明确实验要求以及要达到的目标，掌握相关理论知识与方法，了解实验的具体内容和设备的使用方法，在此基础上写出实验预习报告。

对于不同类型的实验，在实验前，应具有不同的预习要求，具体的预习报告要求如下。

1）科学基础实验

（1）确定实验的目的，熟悉所用仪器设备。根据所学的数字电子技术理论知识，弄清电路的工作原理以及电路所涉及的电子元器件的功能，根据器件手册查出所用器件的外部引脚排列及其功能等。

（2）认真预习实验内容、实验步骤和实验电路，设计实验数据记录表。

（3）回答有关的思考题。

2）学科综合实验

（1）在明白实验目的、实验内容及要求的基础上，列出本次实验所需要的仪器、仪表等。

（2）拟定详细的实验步骤，设计实验数据记录表。

（3）根据老师对本实验提出的要求，结合自己学习的实际情况，认真选择可行的实验方案。

（4）根据自己选择的实验方案，设计或选用实验电路。在设计电路时，确保计算正确，步骤清晰，画出的电路图整洁，元器件符号标准化，参数符合系列化标准。

（5）实验所使用的元器件、仪器、仪表和详细清单要在实验前一天交给实验室负责人。

（6）确定详细的实验步骤，设计实验数据记录表。

2. 实验过程

正确的操作流程和良好的工作方法是实验顺利进行的保证。因此，实验过程有以下要求。

（1）按照编号固定各自团队（个人）的实验台进行实验。进入实验室后，认真检查本次实验所使用的元器件、仪器、仪表，检查元器件型号、规格和数量是否符合要求，检查所用电子仪器设备的状况，若发现故障，则及时报告给指导老师以进行排除。

（2）认真听指导老师对实验的介绍。

（3）根据实验电路的结构特点，采用合理的接线步骤，一般按照“先串联后并联”“先接主电路后接辅助电路”的顺序进行，以免遗漏和重复。接线完毕，要养成自查的习惯。

（4）当实验电路接好后，对电路进行检查，确保电路无误后方可接入电源（电源在接入之前需调整到合适的大小和极性以满足实验要求）。养成实验前“先接实验电路后接通电源”、实验后“先断开电源后拆除实验电路”的操作习惯。

(5) 在电路接通后，按照实验预习时所预期的实验结果，先观察全部现象以及各仪表的读数变化范围。然后开始逐项实验，测量时要选择性地读取几组数据(为便于检查实验数据的正确性，实验时应携带计算工具)。在读取数据时，要尽可能地在仪表、仪器的同一量程内读数，减少由于仪器、仪表量程的不同而引起的误差。

(6) 如果实验中要求绘制曲线，则至少读取10组数据，并且在曲线的弯曲部分应多读取几组数据，确保绘制曲线的准确性。

(7) 将检查无误的测量数据交给指导老师复核，经复核无误后拆除实验电路，避免因数据错误而重新测量，花费不必要的时间。

(8) 实验结束后，应做好仪器设备和导线的整理以及实验台面的清洁工作。

3. 实验总结

实验报告是实验工作的总结。写报告的过程是对电路设计方法以及实验过程做总结，对所记录的数据进行处理，对实验现象进行观察与反思，对实验过程中出现的问题以及解决方法进行分析与总结。实验报告要求语句通顺、条理清晰、简明扼要、字迹端正、图表清晰且符合规范、结论正确、分析合理。

对于工科生而言，撰写实验报告是一项基本技能训练。通过实验报告的撰写能够深化对所学基础理论的认知，提高对基础理论应用的能力；提高对实验数据记录、处理的能力；培养严谨的学风和实事求是的科学态度；锻炼对科技类文章的写作能力等。撰写实验报告的具体要求如下。

(1) 在预习报告的基础上，对实验的原始数据进行整理，用适当的表格列出测量值和理论值，按照实验要求绘制好波形图、曲线图等。

(2) 运用实验原理和所学理论知识对实验结果进行必要的分析和说明，从而得出正确的结论。

(3) 对实验中存在的一些问题进行讨论，并回答思考题。

1.2　新工科数字电子技术课程设计

1.2.1　新工科视域下的数字电子技术课程设计项目概述

传统数字电子技术课程设计的授课方式为“理论设计为主，动手实践为辅”，传统考核方式“重理论，轻技能”，课程设计实践教学效果较差，其作为工科类专业的专业基础课，难以满足新一代信息产业的新工科专业需求。

数字电子技术实验与课程设计实训课程是电子、信息、通信、物联网、电气、软件、光信息、机械电子和计算机等新工科相关专业学生学习数字电子技术基础、数字电子技术和数字电路基础课程配套的重要专业基础实践课程。新工科视域下的数字电子技术课程设计不同于传统的数字电子技术课程设计。新工科视域下的数字电子技术课程设计针对不同工科专业特色及其发展方向，拟定新工科视域下的数字电子技术课程设计项目，项目如下。

(1) 交通灯的设计及应用，较适合通信工程专业和物联网工程专业的课程设计项目。

(2) 分频器的设计及应用，较适合电气相关专业的课程设计项目。

(3) 八路抢答器的设计及应用,较适合建筑电气专业的课程设计项目。

(4) 篮球计时器的设计及应用,较适合电子信息类专业的课程设计项目。

(5) 数字时钟的设计及应用,较适合软件工程专业和光电信息专业的课程设计项目。

(6) 彩灯的设计及应用,较适合机械电子专业的课程设计项目。

新工科视域下的数字电子技术课程设计要求学生在认知本专业的基础上,应用数字电子技术基础、数字电子技术和数字电路基础等课程相关的理论和实践教学,结合自身专业,选择相应的新工科视域下的数字电子技术课程设计项目,按照课程设计要求与步骤逐项实现。

新工科视域下的数字电子技术课程设计是在老师指导下,学生独立完成的课程设计,从而达到全面提升学生沟通能力、动手实践能力、创新工程实践能力和解决实际工程问题能力的目的,为专业课程实验打下坚实的基础。

1.2.2 课程设计的步骤和方法

1. 总体方案的设计与选择

进行电路设计的第一步应确定设计目标,以目标为基准进行总体方案的设计。总体方案的设计应符合设计需求,以完成目标功能。在设计总体方案时需查阅大量资料,找出多种方案,逐一分析各方案的优缺点之后选择最适合的方案作为总体方案。总体方案使用原理框图表示,不用太详细,但必须将方案成立的关键部分表达清楚。

2. 单元电路的设计

在确定了总体方案,并画出原理框图后,便可以对单元电路进行设计。在设计单元电路时,必须依靠大量的资料和自身所掌握的基础理论知识,熟悉各种功能电路的实际功效和参数,以达到灵活运用的目的。

单元电路的设计步骤如下。

(1) 确定各单元电路主要技术指标。

根据已经确定的总体方案框图,确定各单元电路的主要技术指标、性能参数。

(2) 确定各单元电路的电路形式。

各单元电路的设计顺序是根据总体方案确定的。在选择所要设计的单元电路时,可选择熟悉的功能电路进行应用,若没有合适的电路,可寻找相似的电路,在其基础上创新、改造电路以达到目标功能。

(3) 选择元器件。

一般确定总体方案时,在单元电路设计阶段,电路中每个具体元器件都必须选定。在确定单元电路之后,所选用的元器件也需确定。在选择元器件的时候,需考虑元器件的各项参数是否符合设计要求,如何选择正确的元器件型号则需要查阅资料并进行分析后再确定。

3. 总电路图的制作

设计好各单元电路后,应绘制出总电路图,总电路图是后面环节(如印刷电路板等)工艺设计的主要依据,在制作调试和检查维修时也是必不可少的,因此总电路图具有很重要的作用。

在画总电路图时，应注意以下几点。

(1) 应注意信号的流向，通常从输入端或信号源画起，由左至右、由上至下按信号的流向依次画出各单元电路。但最好不要将电路图画为长条形，尽量使电路图分布均匀，可以使总电路图画在一张图纸上，在使用时也较为方便。如果电路比较复杂，无法用一张图纸来完成绘制，应把主电路画在同一张纸上，而把一些比较独立或次要的部分(例如直流稳压电源)画在另一张或几张图纸上。可使用恰当的符号表示各图纸之间的关系。例如，用一堆相同的符号分别标在电路连线的两个端口上。

(2) 电路图中所有的线条必须清晰、独立，全部使用直线，避免斜线的出现。尽量避免线条交叉，如必须交叉，在交叉点处需标上黑点。尽量在绘制时让所有的连线处于最短路径、最少拐弯的状态。

(3) 电路图中的中大规模集成电路器件通常用方框表示。在方框中标出它的型号，在方框的边线两侧标出每根连线的功能名称和管脚号。除中大规模器件外，器件的符号应当标准化。

(4) 集成电路器件的管脚较多，有些管脚的接线是可以选择的。当使用一个简单逻辑门实现一个逻辑功能时，接法有很多种。遇到这种情况，在画原理电路时通常不标出芯片所用的管脚号，这样可以使实验布线更加灵活，为合理布线提供方便。在布线时，应随时将实际接线的管脚号填写在原理电路图上，以便以后调试或者维修。

4. 审绘制图

在绘制出总电路图之后，应至少进行一次全面审查。如果电路图比较复杂，可多审查几遍。必要时可请指导老师审查。审查时，应注意如下几点。

(1) 先从全局出发，检查总体方案是否合适，再审查各单元的电路原理图是否正确，电路形式是否合适。

(2) 检查各单元电路之间的电平、时序等是否有问题。

(3) 检查电路图是否过于烦琐，是否能够简化。

(4) 根据图中所标出的各元器件的型号、参数值等验算，看它们能否满足性能指标要求，有无恰当裕量。

(5) 要特别注意检查电路图元器件工作是否安全，尤其是 CMOS 等元器件，以免实验时损坏。

(6) 在所发现的问题解决后，若改动较多，应当复查一遍。

5. 实验

在电子电路设计过程中，如果经验不足，对某部分电路不是很有把握或选用了新的从未用过的集成电路(特别是在集成电路功能较多、内部电路复杂时)，则单凭资料很难掌握它的各种用法和一些具体细节。因此，在实验实际操作之前，可使用 Protues 软件进行电路仿真，检查电路是否能够正常运行，如果检查出问题，则应及时进行排除。在电路仿真之后可开始动手实验，在实验过程中可能会因为操作不当导致电路仿真中出现之前未出现过的问题，所以常常需要进行检查和反思实验过程，避免因操作失误导致实验结果出现问题，浪费不必要的时间。在实验过程中，遇到问题要善于理论联系实际，深入思考，分析原因，找出解决问题的办法和途径。

6. 总结报告

在课程设计安装、调试完成后，要对本次设计进行总结并完成一份课程设计总结报告。总结报告通常包括以下内容。

(1) 设计任务书和技术指标。

(2) 论证各种设计方案和电路工作原理。

(3) 各单元电路的设计和有关参数的计算。

(4) 电路原理图和局部接线图，并列出元器件明细清单。

(5) 实际电路的性能指标测试结果，画出必要的表格和曲线。

(6) 安装和调试过程中出现的各种问题，实际分析和解决问题的办法。

(7) 说明本设计存在的问题，提出改进设计的想法。

(8) 本次课程设计的收获和体会。

(9) 列出参考文献。

1.3 常用电子仪器和仪表的使用

在进行数字电子技术实验时，根据实验操作的需求使用一些电子仪器和仪表。“工欲善其事，必先利其器”，在实验操作前，必须通过数字万用表检测连接线的好坏。常用的测量仪表种类众多，本节主要讲解数字电子技术实验箱、数字万用表、XDS 四道示波器的使用。

1.3.1 数字电子技术实验箱

数字电子技术实验箱适用于数字电子技术实验、数字系统设计及集成电路应用研究的装置。数字电子技术实验箱通常带有频率计、BCD 译码器显示、逻辑电平输出显示发光二极管、电源开关、单脉冲、连续脉冲、固定脉冲、芯片座、直流可调电源、电位器、蜂鸣器及元器件库等。数字电子技术电路实验箱面板图如图 1-1 所示。

实验箱各功能介绍如下。

(1) 电源：输入 AC 220(±10%) V，通用三眼插座放在箱体右侧面。输出为 DC 5 V/1 A，红色发光管显示输出，含短路报警、过载保护、自动恢复功能。

(2) 单脉冲(消抖脉冲)：输出正、负两个脉冲，幅值为 TTL 电平，产生脉冲的芯片位于芯片座上，便于维修、更换。

(3) 连续脉冲：输出 TTL 电平，发光管显示输出，频率为 1～5 Hz。

(4) 固定脉冲：1 Hz、2 Hz、4 Hz、1 kHz、10 kHz、20 kHz、40 kHz、100 kHz，共 8 个输出，相关芯片位于芯片座上，便于维修、更换。

(5) 逻辑电平(输入)开关：12 组，可输出“0”“1”电平，使用乒乓开关(钮子开关)。

(6) 电平显示：12 个红色发光管及驱动电路组成，高电平时亮。

(7) 数码显示：2 个单位共阳为一组，接译码器，并把译码器的输入 DCBA 放在数码管下方，共 2 组；1 个双位共阳为一组，接译码器，并把译码器的输入 DCBA 放在数码管下，共 2 组。

(8) 频率计：4 位显示，测量范围 1 Hz～500 kHz。

(9) 元器件库：所有元器件标值如下。

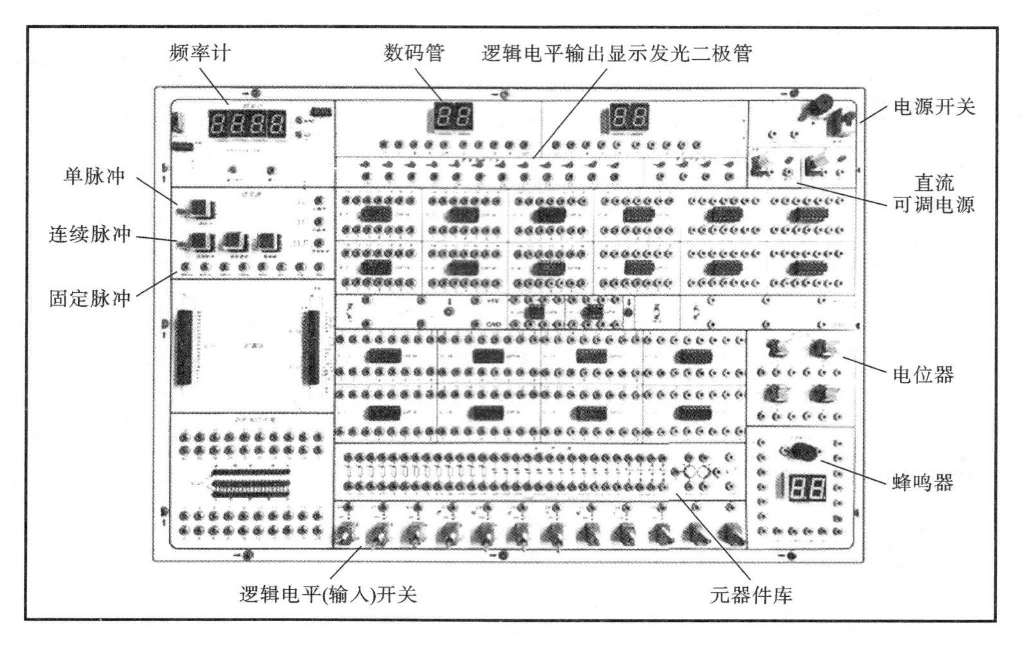

图 1-1 数字电子技术电路实验箱面板图

① 电阻：100 Ω、200 Ω、330 Ω、470 Ω、1 kΩ、1 kΩ、2 kΩ、2 kΩ、4.7 kΩ、10 kΩ、47 kΩ、100 kΩ、1 MΩ。

② 电容：30 PF、100 PF、220 PF、1000 PF、0.01 μF、0.01 μF、0.1 μF、0.1 μF、0.47 μF、1 μF、4.7 μF、10 μF。

③ 二极管：4148(4 只)、4001。

④ 三极管：8050(9013)、8550(9012)。

⑤ 蜂鸣器：5 V。

⑥ 电位器：1 kV、10 kV、100 kV、1 MV。

(10) 芯片座：圆孔型双列直插式：14 脚 12 只、16 脚 7 只、20 脚 1 只、8 脚 2 只、40 脚 1 只。实验箱芯片布置图如图 1-2 所示。

(11) 芯片。

1.3.2 数字万用表

数字万用表是一种多功能电子测量仪器，其功能包括阻值测量、电流测量、电压测量和通断路检测。利用模拟量转化数字量的原理，将测量所得的模拟信号转化为数字信号，直观地反映在显示屏上，具有精度高、读数快、便携等优点。作为现代化多功能电子测量仪器，被广泛应用于通信、电气、自动化等行业。

1. 数字万用表的结构与工作原理

1) 数字万用表的结构

本节以 VC9804A+数字万用表为例进行介绍，示意图如图 1-3 所示，属性如表 1-1 所示，原理图如图 1-4 所示。整个电路由 3 大部分组成。

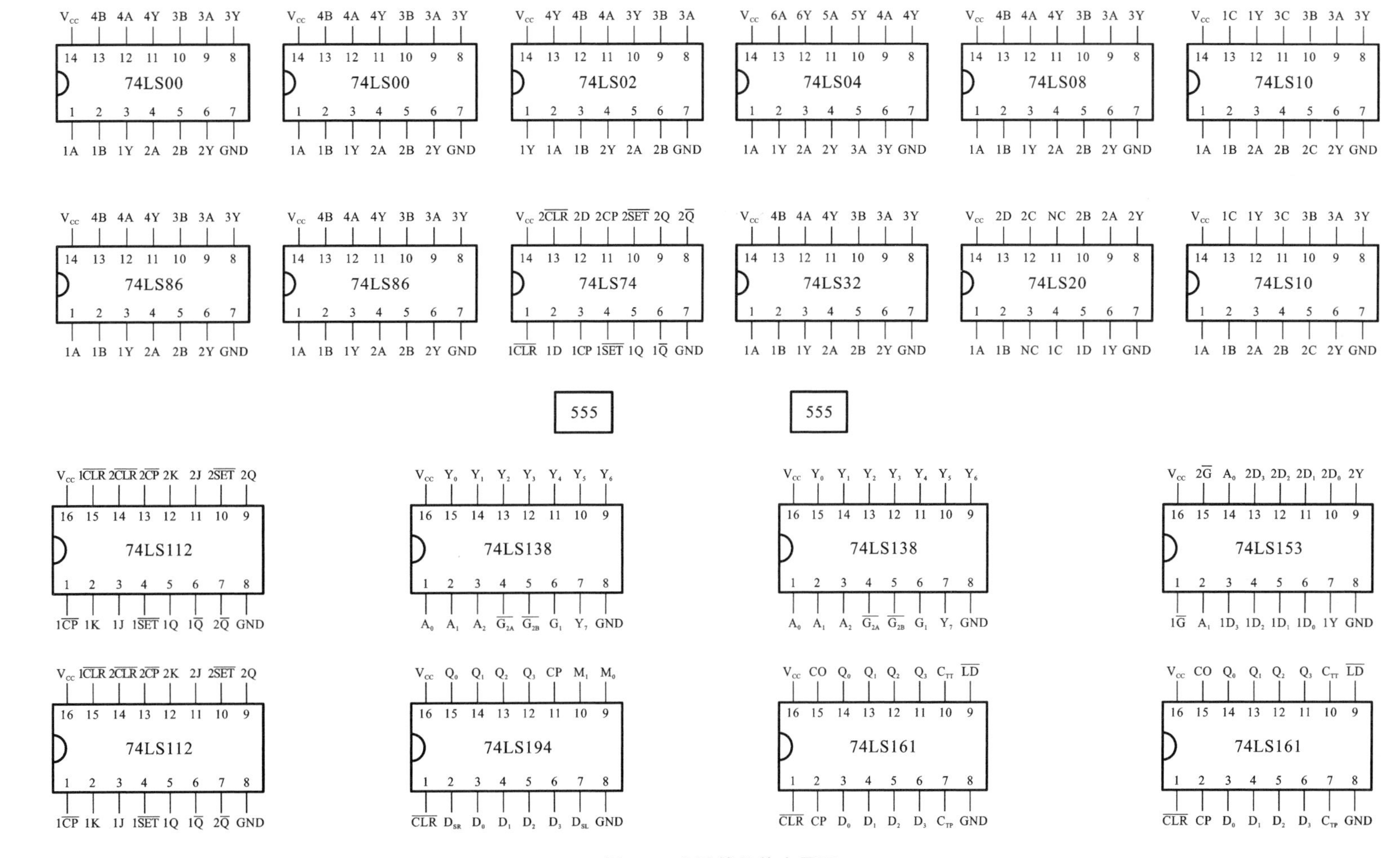

图 1-2 实验箱芯片布置图

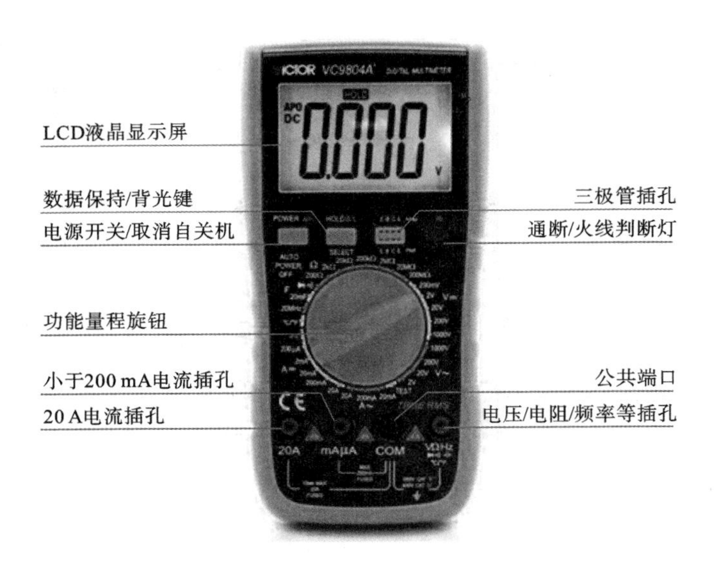

图 1-3 VC9804A+数字万用表的示意图

表 1-1 VC9804A+数字万用表的属性

基本功能	量程	基本精度
直流电压	220 mV/2 V/20 V/200 V	±(0.5+3)
	1000 V	±(1.0+10)
交流电压	2 V/20 V/200 V	±(0.8+5)
	1000 V	±(1.2+10)
直流电流	200 μA/2 mA/20 mA/200 mA	±(1.2+8)
	20 A	±(2.5+5)
交流电流	20 mA/200 mA	±(1.5+15)
	20 A	±(2.0+5)
电阻	200 Ω/2 kΩ/20 kΩ/200 kΩ/2 MΩ/20 MΩ	±(1.0+25)
	200 MΩ	±(5.0+30)
电容	6 nF/60 nF/600 nF/6 μF/60 μF/600 μF	±(5.0+10)
	6 mF/20 mF	±(5.0+40)
频率	10 Hz/100 Hz/1 kHz/10 kHz/100 kHz/1 MHz/20 MHz	±(1.0+10)
温度	−20～1000 ℃	±(1.5+15)
	−4～1832 ℉	±(1.5+15)

(1) 由双积分 A/D 转换器和 LCD 液晶显示屏组成的 200 mV 直流数字电压表是基本测量显示部件(相当于指针式万用表的表头)。

(2) 分压器、电流/电压变换器、交流/直流变换器、电阻/电压变换器、电容/电压变换器、晶体管测量电路等组成量程扩展电路,以构成多量程的数字万用表。

(3) 波段开关构成测量选择电路。

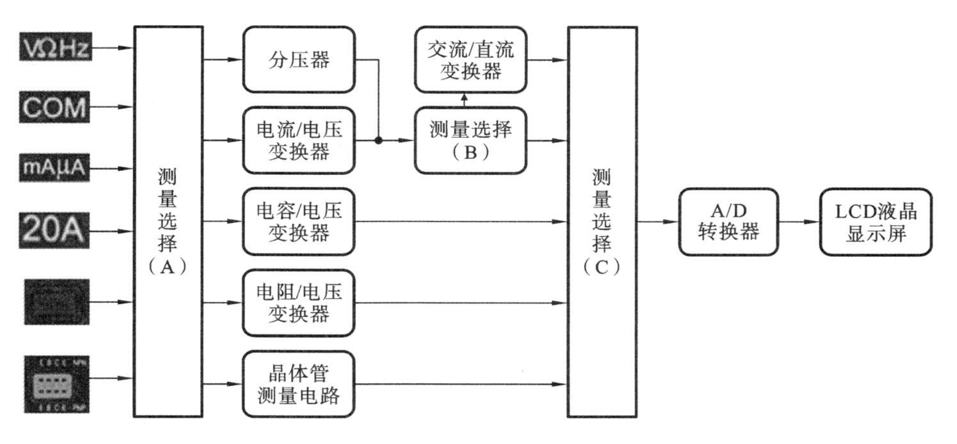

图 1-4　VC9804A＋数字万用表的原理图

2）数字万用表的工作原理

（1）电压测量信号通过分压电阻进行分压后，经 A/D 转换器转换成数字量，再由电子计数器对数字量进行计数得到测量结果，然后通过译码显示电路将测量结果显示出来。

（2）电流测量信号通过分流电阻进行分流后，经转换电路转换成直流电压信号，再经 A/D 转换器转换成数字量，然后由电子计数器对数字量进行计数得到测量结果，再通过译码显示电路将测量结果显示出来。

（3）电阻测量是将测量信号通过电阻进行分压后，经转换电路转换成直流电压信号，再经 A/D 转换器转换成数字量，然后由电子计数器对数字量进行计数得到测量结果，再通过译码显示电路将测量结果显示出来。

2. VC9804A＋数字万用表的面板结构

VC9804A＋数字万用表测量不同的元器件属性时需要将旋钮调整到不同的挡位，旋钮开关各挡位及功能如表 1-2 所示。

表 1-2　旋钮开关各挡位及功能

旋转开关挡位	功　　能
V~	交流电压测量
V⎓	直流电压测量
A~	交流电流测量
A⎓	直流电流测量
Ω	电阻测试

续表

旋转开关挡位	功　　能
F	电容测试
▶·)))	通断测试

3. 数字万用表的使用方法

1）电阻测量

测量步骤如下。

（1）按下"POWER"键，打开电源开关，将黑表笔插入"COM"插孔，红表笔插入"VΩHz"插孔。

（2）提前预估被测电阻的大小，将旋转开关调到"Ω"挡，选择合适的量程。

（3）将两表笔测量端接触待测电阻两端。

（4）观察LCD液晶显示屏示数，如果示数无变化（显示"0 Ω"），则考虑量程是否选择正确，尝试向高电阻挡位调整，直到显示有效值为止。

（5）测量完毕，将旋转开关置"OFF"挡。

注意事项如下。

（1）测量过程中不要把手同时接触电阻两端，否则会对所测阻值的精确度产生影响。

（2）在电路中对电阻进行测试前，必须断开电源，将大容量电容进行放电。

（3）在测量低电阻时，为了测量准确，可以先短接两表笔端，读出阻值，在测量电阻后再减去该电阻值。

2）电压测量

测量步骤如下。

（1）按下"POWER"键，打开电源开关，将黑表笔插入"COM"插孔，红表笔插入"VΩHz"插孔。

（2）提前预估被测电压的大小，将旋转开关调到"V~"（交流）或"V⎓"（直流）挡，选择合适的量程。

（3）将两表笔与待测电路两端并联接触。

（4）观察液晶显示屏示数，读取被测电压值。

（5）测量完毕，将旋转开关置"OFF"挡。

注意事项如下。

（1）测交流电压时，在2 V量程时，即使没有输入或未插入表笔，仪器也会有不稳定的数值显示。

（2）将两表笔接触端短路一下，让仪表显示回0。

（3）严禁用小电压挡测量大电压。

（4）不要用手随便接触表笔的金属部分。

（5）测量过程中不能调整旋转开关。

3) 电流测量

测量步骤如下。

(1) 按下"POWER"键,打开电源开关,将黑表笔插入"COM"插孔,红表笔插入"20A"或"mAμA"插孔,如果被测电流小于200 mA,则将红色表笔连接到"mAμA"插孔;如果被测电流在200 mA～20 A之间,将红色表笔连接到"20A"插孔。

(2) 提前预估被测电流的大小,将旋转开关调到"A～"(交流)或"A⎓"(直流)挡,选择合适的量程。

(3) 断开被测的电路,将黑表笔连接到电路中电压比较低的一端,红表笔连接到电路中电压比较高的一端。

(4) 将被测电路通电,观察液晶显示屏示数,读取被测电压值。

(5) 测量完毕,断开电路电源,将旋转开关置"OFF"挡。

注意事项如下。

(1) 严禁用小电流挡测量大电流。

(2) 测量过程中不能调整旋转开关。

(3) 如果测量时液晶屏中的数值前出现负号,则表明电流从黑表笔流进万用表。

4) 电路通断测试

测试步骤如下。

(1) 按下"POWER"键,打开电源开关,将黑表笔插入"COM"插孔,红表笔插入"VΩHz"插孔。

(2) 将旋转开关旋至"▶·))"挡。

(3) 用表笔测试端分别接触测试点。

(4) 若蜂鸣器发出声响,则说明两测试点之间为通路;否则,为短路。

(5) 测量完毕,将旋转开关置"OFF"挡。

注意事项如下。

在测试电路通断前,可用两表笔金属部分互相触碰,若蜂鸣器发出声响,则说明万用表正常。

1.3.3 XDS四通道示波器

示波器是一种可以把电压随时间变化的变化以图像形式展现出来的电子图示测量仪器。它比普通电压表提供的信息更多,可以直观地展现电压的形式。示波器可以用来显示电压的波形以及对电压信号的相关数据进行测量,它在电子电路调试和电子设备检测中是非常有效的工具。

1. XDS四通道示波器功能菜单介绍

双踪示波器具有两路输入端,可同时接入两路电压信号。在示波器内部,将输入信号放大后,使用电子开关将两路输入信号轮流切换到示波管的偏转板上,使两路信号同时显示在示波管的屏面上,便于进行两路信号的观测、比较。下面对XDS四通道示波器的特点、面板功能和使用方法做简要说明。XDS四通道示波器的正面和反面如图1-5和图1-6所示。

(1) XDS四通道示波器(正面)具体说明如下。

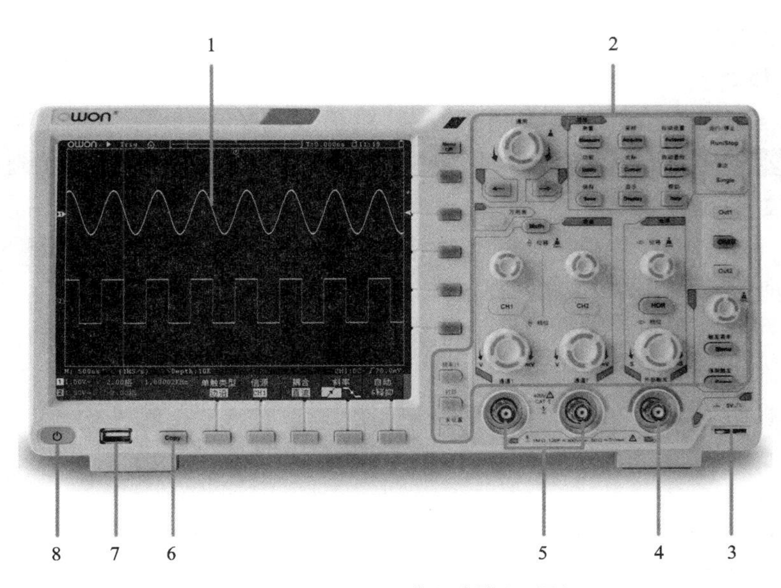

图 1-5　XDS 四通道示波器(正面)

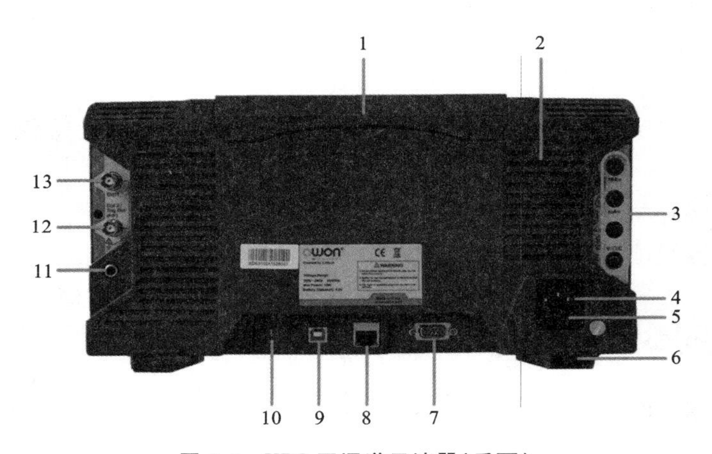

图 1-6　XDS 四通道示波器(反面)

1 为显示区域。

2 为按键和旋钮控制区。

3 为探头补偿:5 V/1 kHz 信号输出。

4 为外触发输入。

5 为信号输入口。

6 为 Copy 键:可在任何界面直接按此键来保存信源波形。

7 为前置 USB 口。

8 为示波器开关。

按键背景灯的状态,红灯表示关机状态(接市电或使用电池供电);绿灯表示开机状态(接市电或使用电池供电)。

(2) XDS 四通道示波器(反面)具体说明如下。

1 为可收纳式提手。

2 为散热孔。

3 为万用表输入端(可选)。

4 为电源插口。

5 为保险丝。

6 为脚架:可调节示波器倾斜的角度。

7 为 VGA 接口。

8 为 LAN 接口:提供与计算机相连接的网络接口。

9 为 USB Device 接口。

10 为锁孔。

11 为 AV 接口:AV 视频信号输出(可选)。

12 为 Trig Out(P/F)接口:触发输出(通过/失败)端口,另外也作为双通道信号发生器通道 2 的输出端(可选)。输出选项可在菜单中设置(功能菜单→输出→同步输出)。

13 为 Out 1 接口:信号发生器的输出端(可选)。

(3) XDS 四通道示波器功能面板(见图 1-7)具体说明如下。

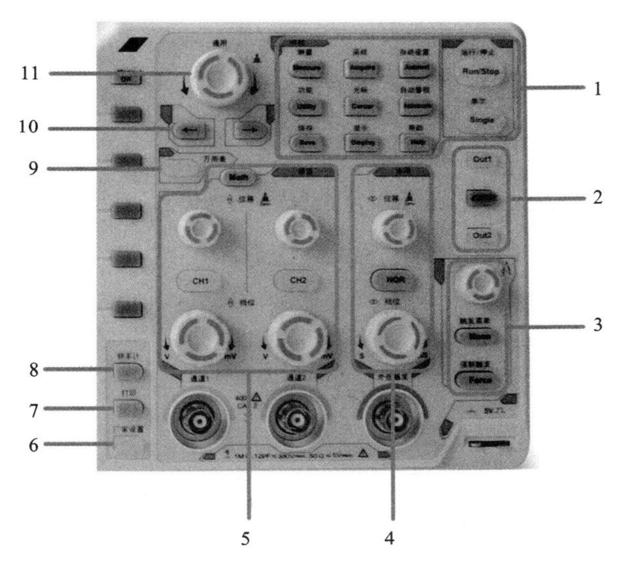

图 1-7　XDS 四通道示波器功能面板

1 为功能按键区。

2 为 DAQ:万用表记录仪快捷键,P/F 为通过/失败快捷键,W. REC 为波形录制快捷键。

3 为触发系统。

4 为垂直系统。

5 为水平系统。

6 为厂家设置。

7 为打印显示在示波器屏幕上的图像。

8 为开启/关闭硬件频率计。

9 为万用表开关。

10 为左右方向键。

11 为通用旋钮。

2. 示波器的探头使用

示波器出厂时菜单中的探头衰减系数的预定设置为×10，如图 1-8 所示。需确认在探头上的衰减设定值与示波器菜单中的探头衰减值相同。在首次将探头与任一输入通道连接时，进行此项调节，使探头与输入通道相匹配。未经补偿或补偿偏差的探头会导致测量误差或错误，示波器探头补偿步骤如下。

(1) 将探头菜单衰减系数设定为“×10”，将探头上的开关设定为“×10”，并将示波器探头与 CH1 通道连接。如果使用探头勾形头，则应确保与探头接触紧密。将探头端部与探头补偿器的信号输出连接器相连，如图 1-9 所示。基准导线夹与探头补偿器的地线连接器相连，然后按“自动设置”。

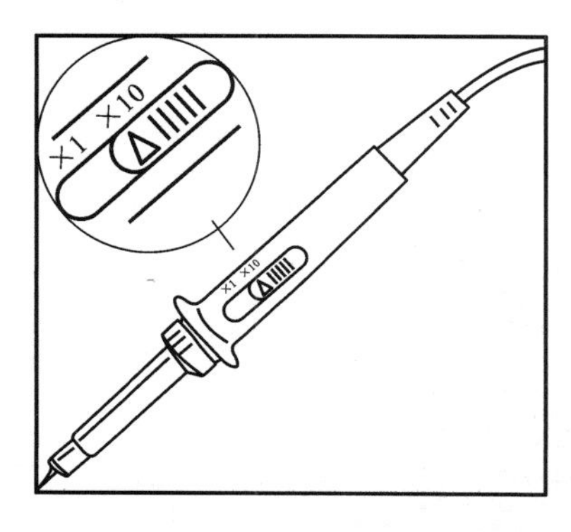

图 1-8 探头衰减系数的预定设置

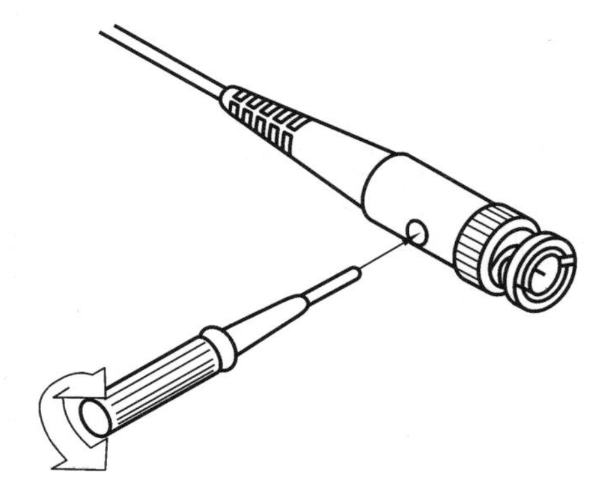

图 1-9 探头调整

探头调整前后对比如图 1-10 所示，从左到右，分别为探头补偿过度、补偿正确、补偿不足的情况。

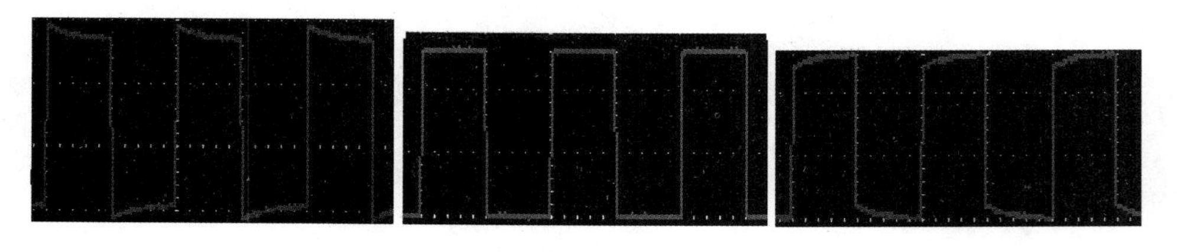

图 1-10 探头调整前后对比

(2) 检查所显示的波形，调节探头，直到补偿正确。

探头操作不当可能会对仪器产生损害，甚至危害人体。因此，探头使用过程需要注意以下几点。

(1) 环绕探头体的安全环提供了一个手指不受电击的阻碍。为了防止在使用探头时受到电击，请将手指保持在探头体的安全环(见图 1-11)的后面。

(2) 为了防止在使用探头时受到电击，在探头连接到电压源时不要接触探头头部的金属部分。

(3) 在做任何测量之前，请将探头连接到仪器并将接地终端连接到地面。

3. 自校正

自校正可使示波器恢复到最佳状态，以取得最精确的测量值。在自校正过程中，应

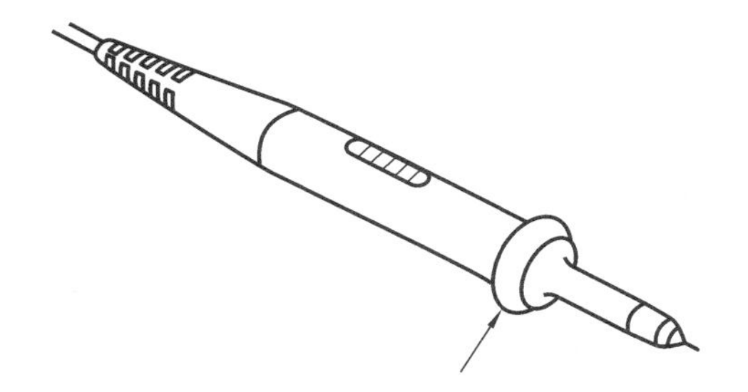

图 1-11　探头手指安全环

将所有探头或导线与输入连接器断开。然后,按"Utility"键,在下方菜单中选择功能项,在左侧菜单中选择校准,在下方菜单中选择自校正,确认准备就绪后执行。此外,如果环境温度变化范围达到或超过 5 ℃,就必须执行自校正程序。

4. 垂直系统

垂直系统功能面板如图 1-12 所示。

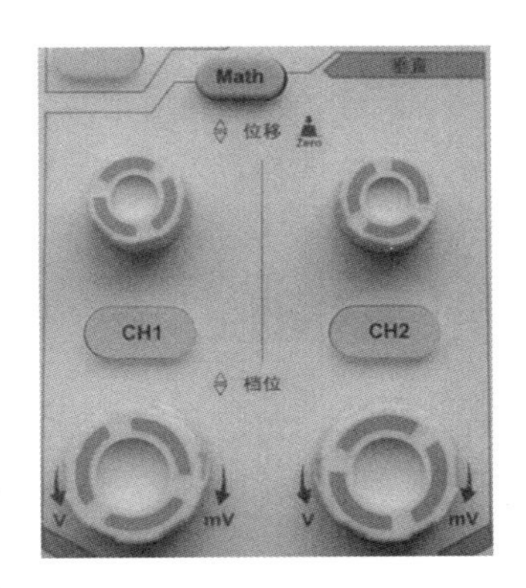

图 1-12　垂直系统功能面板

1) 功能键

Math 波形计算按键:波形加、减、乘、除及傅里叶变换。

垂直位置旋钮:当转动垂直位置旋钮时,指示通道接地基准点的指针跟随波形上下移动。

CH1 CH2 菜单设置按键。

电压挡位旋钮:选择电压挡位观察视窗变化。

2) 测量技巧

如果通道耦合方式为 DC,则可以通过观察波形与信号地之间的差距来快速测量信号的直流分量。

如果耦合方式为 AC,则信号里面的直流分量被滤除。这种方式应该用更高的灵敏度显示信号的交流分量。

3) 垂直系统的设置

每个通道都有独立的垂直菜单。每个项目都按不同的通道单独设置,一级菜单如图 1-13 所示。

图 1-13　一级菜单

二级菜单的耦合菜单下有直流、交流、接地三个功能板块,如图 1-14 所示。功能板块分别通过输入信号的交流和直流成分,阻挡输入信号的直流成分,断开输入信号。

反相功能菜单下有开启和关闭两个选项。开启时,打开波形反相功能;关闭时,波形显示正常。

探头菜单下可选择不同的衰减系数,如图 1-15 所示。根据探头衰减系数选取其中一个值,以保持垂直标尺读数准确。可以旋转通用旋钮可进行微调。

5. 水平系统

水平系统功能面板如图 1-16 所示。

图 1-14　二级菜单

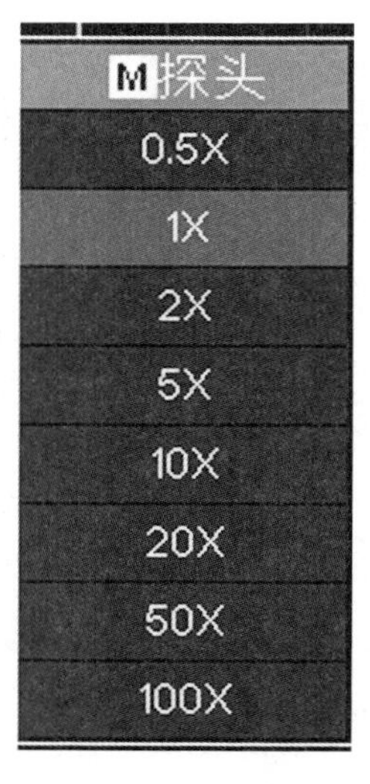

图 1-15　探头菜单

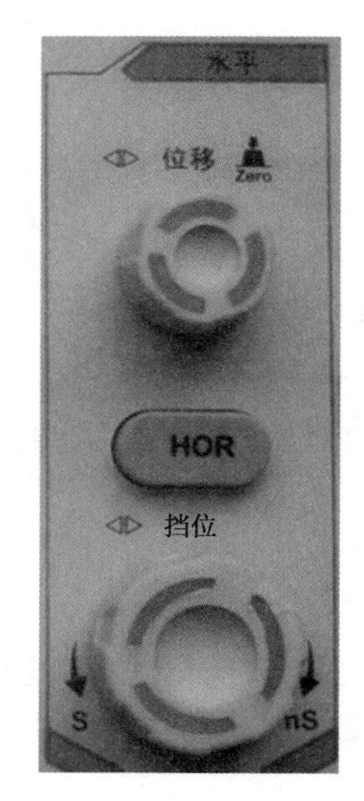

图 1-16　水平系统功能面板

1）功能键

水平位置旋钮：调整所有通道（包括数学运算）的水平位移，这个旋钮的解析度随着时基的变化而变化。

水平菜单按键：进行视窗设定和扩展，可在正常模式和波形缩放模式之间切换。

时基旋钮：调整扫描速度，为主窗口或缩放窗口设定水平标尺因数。

2）波形缩放

按“HOR”按键进入波形缩放模式，显示屏的上半部分显示主窗口，下半部分显示缩放窗口，如图 1-17 所示。缩放窗口是主窗口中被选定区域的放大部分。

6. 触发系统

触发系统功能面板如图 1-18 所示，触发决定了示波器何时开始采集数据和显示波形。一旦触发被正确设定，它可以将不稳定的显示波形转换成有意义的波形。

示波器在开始采集数据时，先收集足够的数据用来在触发点的左方画出波形。示波器在等待触发条件发生的同时连续地采集数据。当检测到触发后，示波器连续地采集足够的数据进而在触发点的右方画出波形。

1）功能表

触发电平：转动触发电平旋钮，可以发现屏幕上的触发指针随旋钮转动而上下移动。在移动触发指针的同时，可以观察到屏幕上的触发电平的数值发生了变化。旋转触发电平旋钮可设定触发点对应的信号电压；按下此旋钮使触发电平立即回零。

触发菜单按键：强制触发按键，强制产生一个触发信号，主要应用于触发方式中的“正常”和“单次”模式。

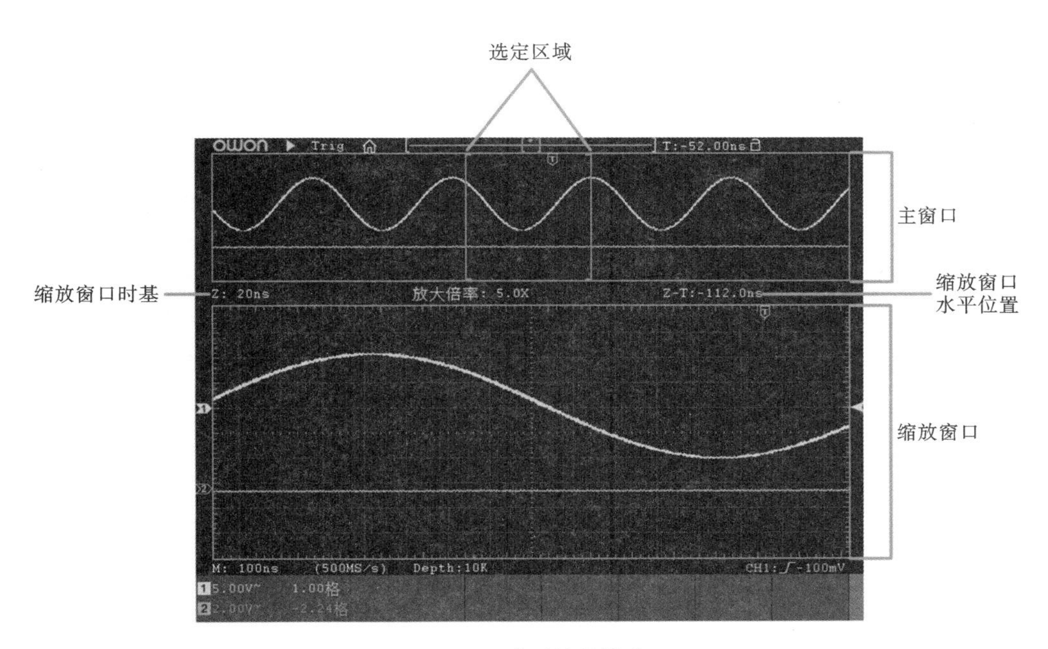

图 1-17　波形缩放模式

强制触发按键：正常和单次模式，触发菜单按键。

2）名词解释

(1) 信源。

触发可从多种信源得到：输入通道(CH1、CH2)，外部触发(EXT)。

输入通道：最常用的触发信源是输入通道（可任选一个）。被选中作为触发信源的通道，无论其输入是否被显示，都能正常工作。

图 1-18　触发系统功能面板

外部触发：这种触发信源可用于在两个通道上采集数据的同时在第三个通道上触发。例如，可利用外部时钟或来自待测电路的信号作为触发信源。EXT、EXT/5 触发源都使用连接至 EXT TRIG 接头的外部触发信号。EXT 可直接使用信号，可在信号触发电平为－0.6～0.6 V 时使用 EXT。EXT/5 触发源除以 5。使触发范围扩展至－3～3 V，这将使示波器能在较大信号时触发。

(2) 触发方式。

触发方式决定示波器在无触发事件情况下的行为方式。本示波器提供三种触发方式：自动触发、正常触发和单次触发。

自动触发：这种触发方式使得示波器即使在没有检测到触发条件的情况下也能采样波形。当示波器在一定等待时间（该时间可由时基设置决定）内没有触发条件发生时，示波器将进行强制触发。当强制进行无效触发时，示波器虽然显示波形，但不能使波形同步，则显示的波形是不稳定的。当有效触发发生时，显示器上的波形是稳定的。可用自动方式来监测幅值电平等可能导致波形不稳定的因素，如动力供应输出等。注意，在扫描波形设定为 50 ms/div 或更慢的时基上时，自动触发方式允许没有触发信号。

正常触发：在正常触发方式下，只有当触发条件满足时示波器才能采样到波形。在没有触发时，示波器显示原有波形而等待触发。

单次触发：在单次触发方式下，用户按一次"运行"按键，示波器等待触发，当示波器检测到一次触发时，采样并显示一个波形，采样停止。

(3) 耦合。

触发耦合决定信号的何种分量被传送到触发电路。耦合类型包括直流、交流、低频抑制和高频抑制。

直流：让信号的所有成分通过。

交流：阻挡直流成分并衰减 10 Hz 以下的信号。

低频抑制：阻挡直流成分并衰减低于 8 kHz 的低频成分。

高频抑制：衰减超过 150 kHz 的高频成分。

(4) 触发释抑。

使用触发释抑控制可稳定触发复杂波形(如脉冲系列)。释抑时间是指示波器重新启用触发电路所等待的时间。在释抑期间，示波器不会触发，直至释抑时间结束。

触发有两种方式：单触触发和交替触发(EDS032C(V)无交替触发)。每类触发使用不同的功能菜单。

单触触发：用一个用户设定的触发信号同时捕获双通道数据以达到稳定同步的波形。

交替触发：稳定触发不同步的信号。

下面分别对单触触发和交替触发进行说明。

单触触发方式有四种模式：边沿触发、视频触发、斜率触发和脉宽触发。

边沿触发：当触发输入沿给定方向通过某一给定电平时，边沿触发发生。

视频触发：对标准视频信号进行场或行视频触发。

斜率触发：根据信号的上升或下降速率进行触发。

脉宽触发：设定一定的触发条件捕捉特定脉冲。

斜率触发是把示波器设置为对指定时间的正斜率或负斜率触发。斜率触发菜单如图 1-19 所示。

图 1-19　斜率触发菜单

脉宽触发根据脉冲宽度(简称脉宽)来确定触发时刻。可以通过设定脉宽条件捕捉异常脉冲。脉宽触发菜单如图 1-20 所示。

选择视频触发以后，即可在 NTSC、PAL 或 SECAM 标准视频信号的场或行上触发。视频触发菜单如图 1-21 所示。

边沿触发是在输入信号边沿的触发阈值上触发。选取"边沿触发"，即表示在输入信号的上升沿、下降沿触发。边沿触发菜单如图 1-22 所示。

图 1-20　脉宽触发菜单

图 1-21　视频触发菜单

图 1-22　边沿触发菜单

7. 数学运算功能

数学运算功能是显示通道 1 和通道 2 的波形相加、相减、相乘、相除及傅里叶变换运算的结果。数学运算功能在示波器菜单上的调用，如图 1-23 所示。

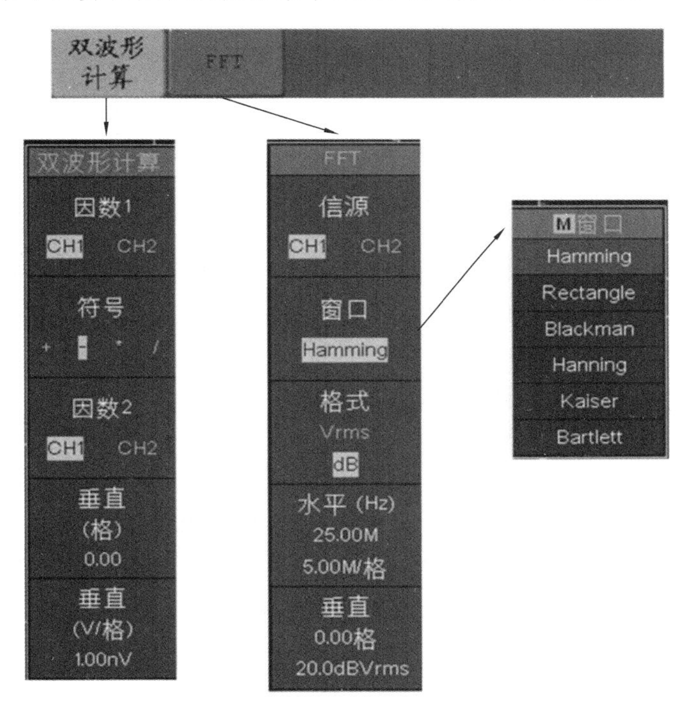

图 1-23　数学运算功能在示波器菜单上的调用

以通道 1 和通道 2 为例，操作步骤如下。

(1) 选择双波形计算。

(2) 因数 1 选择“CH1”；选择运算符“+”；按“F3”键，因数 2 选择“CH2”。则计算结果的波形 M 显示在屏幕上，如图 1-24 所示。旋转通用旋钮可以调整计算波形的垂直格和电压格。

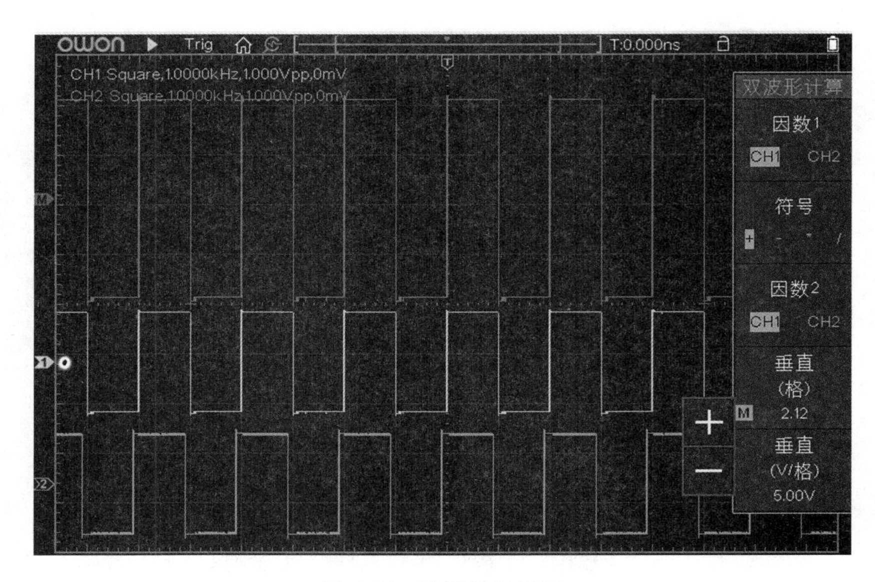

图 1-24 计算结果显示

8. FFT

FFT 将信号分解为分量频率，示波器使用这些分量频率显示信号频率域的图形，这与示波器的标准时域图形相对。这些频率可以与已知的系统频率匹配，如系统时钟、振荡器或电源。

本示波器的 FFT 运算可以实现将时域波形的 8192 个数据点转换为频域信号。最终的 FFT 谱中含有从直流(0 Hz)到奈奎斯特频率的 4096 个点。

FFT 功能提供六个窗口。每个窗口都在频率分辨率和幅度精度间交替使用。需要测量的对象和源信号特点(征)有助于确定要使用的窗口。使用下列原则来选择最适当的窗口。

FFT 操作技巧如下。

(1) 如果需要，可以使用缩放功能以放大波形。

(2) 使用默认的 dB 标度查看多个频率的详细视图，即使它们的幅度大不相同。使用 Vrms 标度查看所有频率之间进行比较的总体视图。

(3) 具有直流成分或偏差的信号会导致 FFT 波形成分的错误或偏差。为减少直流成分可以选择交流耦合方式。

(4) 为减少重复或单次脉冲事件的随机噪声以及混叠频率成分，可设置示波器的获取方式为平均获取方式。

9. 逻辑分析仪界面

逻辑分析仪界面如图 1-25 所示。

1 为通道和总线指示：显示当前开启的通道和总线。

2 为通道二进制数值显示：显示通道在当前光标位置的二进制数值。

3 为十进制数值指示：指示当前光标在存储区域中的位置。

4 为采集数据显示区域：波形为低电平表示“0”，高电平表示“1”。

5 为指向线段：指示当前触发位置。

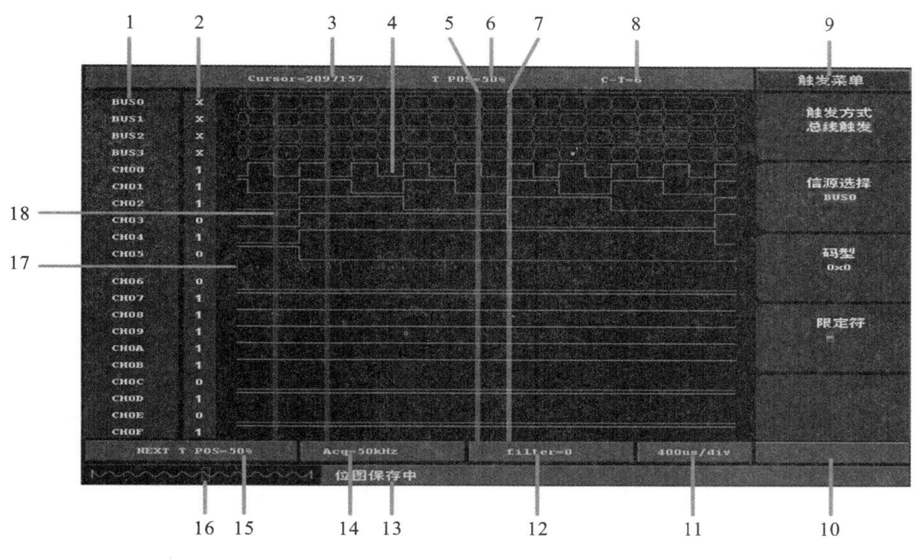

图 1-25 逻辑分析仪界面

6 为百分比数值：指示当前触发在存储区域中的位置。

7 为指向线段：表示当前光标。

8 为十进制数值：指示当前光标相对于当前触发的位置。

9 为当前功能菜单的操作选项：不同功能菜单有不同的显示。

10 为状态指示："RUN"表示正在采集，等待触发；"TRIG"表示检测到触发，等待采集完成；"STOP"表示采集完成。

11 为指示当前时基挡位。

12 为数值指示当前滤波系数设置。

13 为提示信息窗口：不同的操作显示不同的提示信息。

14 为当前的采样率设置。

15 为分比数值：指示下次采集触发在存储区域中的位置。

16 为方框指示屏幕：显示的 00 是当前采集数据在存储区域中的位置，刻度线指示时基在屏幕采集数据显示区域的宽度，共 4.8 格，两个长的刻度线之间的宽度是 1 格，短的刻度线之间的宽度是 0.1 格。

17 为幅度游标卡尺。

18 为频率游标卡尺。

10. 应用实例

1) 测量电路中放大器的增益

将探头菜单衰减系数设定为"10×"，并将探头上的开关设定为"10×"，将示波器 CH1 通道与电路信号输入端相接，CH2 通道与输出端相接。操作步骤如下。

(1) 通过调节电压和时基旋钮，把两个通道的波形调整到合适的显示状态。

(2) 按测量键，屏幕显示自动测量菜单。

(3) 在下方菜单中，按添加测量。

(4) 在右侧菜单中，按信源菜单项来选择 CH1。

(5) 在左侧测量类型菜单中,旋转通用旋钮来选择峰值选项。

(6) 在右侧菜单中,按添加测量,CH1 的峰值测量添加完成。

(7) 用相同的方法添加 CH2 峰值。

(8) 从屏幕左下角测量值显示区域中读出 CH1 和 CH2 的峰值。

(9) 利用以下公式计算放大器增益。

① 增益=输出信号/输入信号。

② 增益(dB)=20×lg(增益倍数)。

示波器得出峰值测量图,如图 1-26 所示。

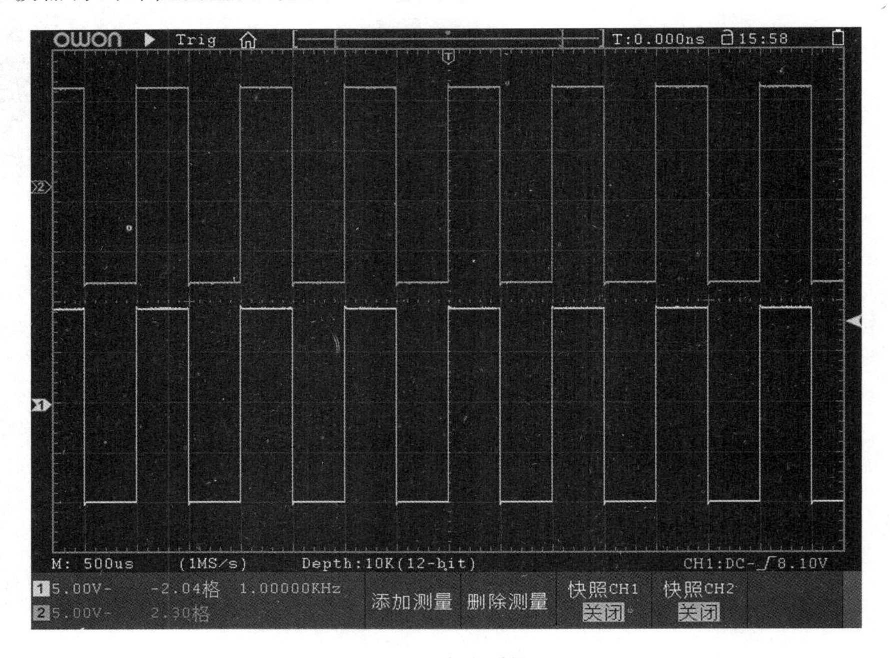

图 1-26 峰值测量图

2) 捕捉单次信号

能够方便地捕捉脉冲、毛刺等非周期性信号是数字存储示波器的优势和特点。捕捉一个单次信号,只有对此信号有一定的先验知识,才能设置触发电平和触发沿。例如,如果脉冲是一个 TTL 电平的逻辑信号,触发电平应该设置成 2 V,触发沿设置成上升沿。如果对信号的情况不确定,则可以通过自动或普通的触发方式先行观察,以确定触发电平和触发沿。操作步骤如下。

(1) 将探头菜单衰减系数设定为“10×”,并将探头上的开关设定为“10×”。

(2) 调整垂直挡位和水平挡位旋钮,为观察的信号建立合适的垂直与水平范围。

(3) 按采样按键,显示采样菜单。

(4) 在下方菜单中选择采样模式,在右侧菜单中选择峰值检测。

(5) 按触发菜单按键,显示触发菜单。

(6) 在下方菜单中选择类型,在右侧菜单中选择单触。

(7) 在左侧菜单中选择触发模式为边沿触发。

(8) 在下方菜单中选择信源,在右侧菜单中选择 CH1。

(9) 在下方菜单中选择耦合,在右侧菜单中选择直流。

(10) 在下方菜单中选择斜率为上升。

(11) 旋转触发电平旋钮,调整触发电平为被测信号的中值。

若屏幕上方触发状态指示没有显示“Ready”,则按下“Run/Stop”(运行/停止)按键,启动获取,等待符合触发条件的信号出现。如果某一信号达到设定的触发电平,则采样一次,显示在屏幕上。利用此功能可以轻易捕捉到偶然发生的事件,如幅度较大的突发性毛刺。

3) 测试信号经过电路网络产生的相位变化

将示波器与电路连接,监测电路的输入/输出信号。以 X-Y 坐标图的形式查看电路的输入/输出,操作步骤如下。

(1) 将探头菜单衰减系数设定为“10×”,并将探头上的开关设定为“10×(2)”,将通道 1 的探头连接至网络的输入,将通道 2 的探头连接至网络的输出。

(2) 按下自动设置按键,示波器把两个通道的信号打开并显示在屏幕中。

(3) 调整垂直挡位旋钮,使两路信号显示的幅度大致相等。

(4) 按显示面板按键,调出显示设置菜单。

(5) 在下方菜单中选择 X-Y 模式,在右侧菜单中选择使能为开启,示波器将以 Lissajous 图形模式显示网络的输入/输出特征。

(6) 调整垂直挡位、垂直位移旋钮使波形达到最佳效果。

(7) 应用椭圆示波图形法观测并计算相位差。

4) 频率计使用

示波器内部提供频率计,测量的频率范围是 2 Hz 至满带宽。只有当测量通道有触发,且模式为“边沿”时,频率计才有正确测量频率。当触发类型为“单触”时,频率计为单通道频率计,只测量触发信源通道上信号的频率。当触发类型为“交替”时,频率计为双通道频率计,可以同时测量两个通道上信号的频率。频率计显示在屏幕的右下角,操作步骤如下。

(1) 按显示按键,调出显示设置菜单。

(2) 按菜单选择键,进行频率计开启或关闭的选择。

1.4 安全措施及故障检测

1.4.1 安全措施

在实验操作时,应该遵守实验室的相关规章制度和安全措施。

1. 人身安全

(1) 不得穿拖鞋进实验室,实验时不得赤脚。

(2) 实验室禁止携带食物及水,禁止喧哗打闹,以防损坏仪器、仪表。

(3) 仪器、数字电子技术实验箱和仪表接通强电前,其连接导线应有良好的绝缘外套,芯线不得裸露在外。

(4) 在进行强电操作或具有一定危险性实验操作时,应有两人以上合作完成;在接通交流 220 V 电源前,应通知实验合作者。

(5) 实验时,先开总电源开关,后开仪器、数字电子技术实验箱、仪表电源开关;实验完成后，先关仪器、数字电子技术实验箱、仪表电源开关，后关电源总开关。

(6) 万一发生触电事故，应迅速切断电源，如果距电源开关较远，则可用绝缘器具将电源线切断，使触电者立即脱离电源并采用必要的急救措施。

2. 仪器、仪表安全

(1) 在使用仪器、仪表前，应认真阅读使用说明书，掌握仪器、仪表的使用方法和注意事项。

(2) 在使用仪器、仪表时，应按照实验室要求正确接电源和接线。

(3) 在实验过程中，要有目的的扳(旋)动仪器、仪表面板上的开关(或旋钮)，扳(旋)动时切忌用力过猛。

(4) 在实验过程中，注意力必须集中。当嗅到焦臭味、发现冒烟和火花、听到"噼"声、发现设备温度过高或保险丝熔断等异常现象时，应立即切断电源，在故障未排除前不得再次开机。

(5) 当需要搬动仪器设备时，必须轻拿轻放；未经实验室指导老师允许，不得随意调换仪器、仪表，更不能擅自拆卸仪器设备。

(6) 在仪器、仪表使用完毕后，应将面板上各旋钮、开关置于合适的位置，如万用表功能开关应旋至"OFF"位置等。

1.4.2 实验中操作规范

为了营造良好的教学氛围，提高实验教学的质量。在实验过程中，实验操作对实验结果影响很大。因此，学生或电子爱好者需要按照以下规范进行操作。

(1) 在实验前，应对实验仪器、仪表进行必要的检查和校准，并对实验线路进行测试，以保障后续实验正常进行。

(2) 必须携带实验指导书，并对迟到者及违反实验室相关规定者做出对应的惩罚。

(3) 在实验过程中，连接数字电路应遵循正确的布线原则和操作步骤。实验前，先检查接线后通电，实验后，先断电再拆线。

(4) 在实验过程中，由于错误布线或者接错线导致的故障比例很大。错误布线或接错线很有可能使线路造成失效，严重时可能烧坏芯片或其他元器件，甚至威胁人身安全。因此，学会科学、规范布线和接线是很有必要的，对此提出以下几点建议。

① 将芯片插入面包板前，要注意芯片的插入方向。一般来说，集成芯片有凹痕的一端左边第一个引脚为 1 号引脚，引脚序号由此逆时针递增至凹痕端右边引脚。

② 在将集成芯片插入面包板时，应调整两排引脚，使之与面包板插孔对应，再垂直插入面包板，使芯片与面包板插紧嵌合；在将集成芯片拔出面包板时，应缓慢、垂直地拔出面包板，以免造成集成电路芯片引脚弯曲、断裂或者接触不良。

③ 布线应有序进行，以减少漏接、错接概率。较好的办法是从一个固定电平点开始，按信号流通顺序分模块进行接线。

④ 导线可采用不同颜色表示不同用途，如地线用黑色，电源线用红色。

⑤ 布线应避免过长，避免从集成器件上方跨越，避免杂乱无章飞线、交错接线，以免造成调试困难。

⑥ 在比较复杂的线路中可以分模块进行接线，最后再将各模块连接起来。

(5) 在实验过程中，掌握科学的调试方法，有效地分析并检查故障，以确保电路工作稳定、可靠。

(6) 在实验过程中，应仔细观察实验现象，完整、准确地记录实验数据，并将实验数据、仿真结果与理论值进行比较、分析。

(7) 在实验后，经指导老师同意后，可关断电源，拆除连线，将实验物品整理好放在实验箱内，并将实验台清理干净、摆放整洁。

1.4.3　常见故障检测与排除

在实验过程中，如果数字电路不能完成预定的逻辑功能，则电路有故障，产生故障的原因大致可以归纳为以下四方面。

(1) 操作不当(如布线错误)。

(2) 设计不合理。

(3) 元器件使用不当或功能不正常。

(4) 仪器、仪表和集成器件本身出现故障。

综上所述，以上四点是检查故障的主要线索。下面简单介绍以下几种常见的故障检查方法。

1. 查线法

在实验中，大部分故障都是由于布线错误或接线错误引起的。因此，在故障发生时，复查电路连接线为排除故障的有效方法。应该注意检查有无漏线、接错线，导线与插孔是否接触不良，集成电路是否插牢、插反等。

2. 观察法

用万用表直接测量各集成电路芯片的 Vcc 端是否加上电源电压；检查输入信号、时钟脉冲等信号是否加载到实验电路上，观察输出端有无反应；观察线路或元器件是否有发热严重、脱落、异味或松动等异常情况。

3. 模块检查法

将各模块之间的线路断开，在信号流入端，输入特定信号，观察该模块响应信号是否达到理想要求。

4. 信号追踪法

在输入端引入特定信号，通过信号流通方向，沿线检测信号是否响应正常。

5. 主要点检测法

对数字电路的主要点使用仪器进行排除方式的检测。如果检测结果与正常工作时的检测结果产生较大差异，则说明发生了故障。

6. 比较检测诊断法

对电路的各个关键点进行测试，得出具体的参数值，然后对同一正常运转的线路测出每一个关键点的参数值，再将两组数值进行比较，参数值不一样的那个地方就是线路出现故障的地方。

7. 波形检测诊断法

使用示波器对电路板的各级输出波形进行检查，观察它输出的波形是否是正常的，以此来诊断是否有电路故障。

1.5 本章小结

本章节围绕数字电子技术实验基础知识，重点介绍了数字电子技术实验的基本要求和基本过程；新工科数字电子技术课程设计围绕新工科视域下的数字电子技术课程设计的项目，详细阐述了课程设计的步骤和方法；常用电子仪器和仪表的使用主要阐述了数字电路实验箱、数字万用表和双踪示波器的使用方法；安全措施及故障检测围绕数字电子技术实验和数字电子技术课程设计的过程，阐述了实验中应遵守的安全措施、操作规范，以及常见故障检测与排除的方法。

2

仿真工具与实践

在数字电子技术实验与实训的过程中，为了提高数字电子技术实验设计与制作的效率，需要软件进行辅助操作，仿真工具就是其中必不可少的。本章主要对仿真工具——Proteus 8.6 Professional 软件进行介绍。通过本章 Proteus 8.6 Professional 软件的学习，学生可以熟练掌握 Proteus 8.6 Professional 软件的操作流程。本章通过具体案例实施过程来练习软件的操作，培养学生数字电子技术的设计与实践能力。

2.1 Proteus 8.6 Professional 简介

2.1.1 功能介绍

Proteus 8.6 Professional 软件主要有如下功能。

(1) 智能原理布图。

(2) 混合电路仿真与精确分析。

(3) 单片机软件调试。

(4) 单片机与外围电路的协同仿真。

(5) PCB 自动布局与布线。

Proteus 8.6 Professional 软件涵盖了电子信息工程的全部专业，广大师生对其都是爱不释手，从原理布图、代码调试到单片机与外围电路混合协同仿真，再到一键切换与 PCB 设计，真正实现了从概念到产品的完整设计。

Proteus 8.6 Professional 软件能够完成模拟电路、数字电路、单片机以及嵌入式的全部实验内容，支持所有电工电子的虚拟仿真，在 Proteus 8.6 Professional 软件平台上还能够实现 ISIS 智能原理图绘制、代码调试、CPU 协同外围器件进行 VSM 虚拟系统模型仿真。在调试完毕后，还可以一键切换至 ARES 软件，生成 PCB 板。

该软件功能极强，融合了 Multisim、Protel 的全部功能，具有领先一步的全系列单片机协同仿真功能。该软件在国际影响巨大，从高校应用情况来看，其解决了长期以来老师电类教学和学生学习的种种烦恼。

Proteus 8.6 Professional 软件强大的功能已经在全球得到了认可，特别是 7.4 版本以后的元件库由 6000 种暴增为 35000 种，而且在 7.4 版本中，一个基于形状的布线器用于 proteus PCB design 的功能模块中，使 PCB 制作功能超过了目前流行的 PRO-

TEL 和 powerPCB，这无疑在业界掀起了轩然大波。在 Proteus 8.6 Professional 软件微处理器模型的独一无二仿真功能、新版本 PCB 的超然强大功能、价格远远低于同类产品的市场优势条件下，国内外企业纷纷将其广泛应用于产品的生产和研发之中。鉴于 Proteus 8.6 Professional 软件在中国电子科研类企业的应用日益成熟化，学生掌握 Proteus 8.6 Professional 软件功能、拥有 PAEE 证书对其就业来讲如虎添翼，不少企业优先录用该类人才。

1. 智能原理图设计丰富的元件库

超过 10000 种元器件：可方便地创建新元件。

智能的器件搜索：通过模糊搜索可以快速定位所需要的器件。

智能化的连线功能：连接导线简单、快捷，具备快速自动连线功能。

支持总线结构：使用总线器件和总线布线，做到电路设计简明、清晰。

可输出高质量图纸：通过个性化设置，可以生成高印刷质量的 BMP 图纸，供 Word、Powerpoint 等多种文档使用。

2. 完善的仿真功能

ProSPICE 混合仿真：基于工业标准 SPICE3F5，实现数字/模拟电路的混合仿真。

超过 35000 个仿真器件：可以通过内部原型或使用厂家的 SPICE 文件自行设计仿真器件，也可导入第三方发布的仿真器件。

多样的激励源：包括直流、正弦、脉冲、分段线性脉冲、音频（使用 wav 文件）、指数信号、单频 FM、数字时钟和码流，并支持文件形式的信号输入。

丰富的虚拟仪器：面板操作逼真，有 13 种虚拟仪器，如示波器、逻辑分析仪、信号发生器、直流电压/电流表、交流电压/电流表、数字图案发生器、频率计/计数器、逻辑探头、虚拟终端、SPI 调试器、I2C 调试器等。

生动的仿真显示：用有色点显示引脚的数字电平，以不同颜色的导线表示其对地电压的大小，结合动态器件（如电机、显示器件、按钮）的使用可以使仿真更加直观、生动。

高级图形仿真功能：基于图标的分析可以精确分析电路的多项指标，包括工作点、瞬态特性、频率特性、传输特性、噪声、失真、傅里叶频谱分析、一致性分析等。

单片机协同仿真功能：支持主流的 CPU 类型，如 8051、8086、MSP430、AVR、PIC、ARM；支持通用外设模型，如字符 LCD 模块、图形 LCD 模块、LED 点阵、LED 七段显示模块、键盘/按键、直流/步进/伺服电机、RS232 虚拟终端和电子温度计。其 COMPIM（COM 口物理接口模型）还可以使仿真电路通过 PC 机串口和外部电路实现双向异步串行通信，实时仿真支持 UART/USART/EUSARTs 仿真、中断仿真、SPI/I2C 仿真、MSSP 仿真、PSP 仿真、RTC 仿真、ADC 仿真和 CCP/ECCP 仿真；支持单片机汇编语言的编辑/编译/源码级仿真，内带 8051、AVR、PIC 的汇编编译器，也可以与第三方集成编译环境（如 IAR、Keil 和 Hitech）结合，进行高级语言的源码级仿真和调试。

3. 强大的 PCB 设计平台

原理图到 PCB 的快速导出通道：原理图设计完成后，一键便可进入 ARES 的 PCB 设计环境，实现从概念到产品的完整设计。

先进的自动布局/布线功能：支持器件的自动/人工布局，支持无网格自动布线或人工布线，支持引脚交换/门交换功能，使 PCB 设计更为合理。

完整的 PCB 设计功能：最多可设计 16 个铜箔层、2 个丝印层、4 个机械层（含板边），灵活的布线策略供用户设置，自动设计检查规则。

3D 可视化预览支持多种输出格式：可以输出多种格式文件，包括 Gerber 文件的导入或导出，方便与其他 PCB 设计工具的互转（如 protel）以及 PCB 板的设计和加工。

4. Proteus 网络版

Proteus 有单机版和网络版两种配置。如果采用网络版配置，则只有一个 USB 加密狗安装在服务器上，并锁定相应的用户数，在校园网范围内的 PC 机都可以得到授权并进行仿真和实验，但同时在线的客户端总数不能超过已购买的总授权用户数。采用网络版 Proteus 可真正实现实验室的虚拟化、网络化以及实验室的开放。

2.1.2 组成部分

Proteus 主要包括两大类产品和一个插件：ProteusVSM（仿真）、Proteus PCB Design（PCB 设计）和 ASF（高级图表仿真模块插件）。ASF（advanced simulaton feature）是基于图标的分析工具，它可以精确分析电路的多项指标，包括工作点、瞬态特性、频率特性、传输特性、噪声、失真、傅里叶频谱分析等，还可以进行一致性分析。

ProteusVSM 系列：ProteusVSM 系列产品是建立在公共的 ISIS 平台上的，具有功能强大的智能原理布图系统、ProSPICE 电路仿真器、13 种虚拟仪器、35000 多种 VSM 仿真器件库，由不同种类的处理器模型构成不同的 ProteusVSM。

2.1.3 虚拟实验室介绍

在计算机网络平台上，利用计算机仿真技术，不仅可以学习电路分析、模拟电路、数字电路、嵌入式系统（单片机应用系统、ARM 应用系统）、微机原理与接口技术等课程，还可以进行电路设计、仿真、调试等通常需要在相应实验室完成的实验。一个计算机网络硬件平台（或一台计算机）、一套电子仿真软件，再加上虚拟实验教程，就相当于一个设备先进的实验室。以虚代实、以软代硬即为虚拟实验的本质。

Proteus 实验室起步于 90 年代初期，在短短十几年的时间内，就得到了快速的发展。目前其用户已遍布世界各地，这其中既有国际知名的企业，如 ST、Motorola、Sony、Philips 等，也有国际知名的大学，如 Cambridge、Stanford、Oxford、California 等。Proteus 实验室于 20 世纪初期引入我国，目前已被国内的 100 多所高等院校及一些企业获得使用，其中有不少国内著名大学，如清华大学、华中科技大学、上海交通大学、中山大学、华南理工大学等。通过调查与分析我国企业及高等院校用户的使用情况可知，企业用户普遍反映 Proteus 实验室能够非常明显减少产品的开发时间并降低开发成本；高等院校用户普遍反映 Proteus 实验室能够明显提高学生的综合设计能力及创新开发能力，同时也极大地提高了毕业生适应工作岗位的能力。值得一提的是，已经建立 Proteus 实验室的学校，其学生在全国大学生电子设计竞赛中成绩明显，这也从一个方面反映了 Proteus 实验室的建设对于提高学生的动手能力、综合设计能力、创新能力具有非常明显的帮助。

Proteus 实验室采用 Proteus 仿真软件和相应的硬件平台构成一个从虚拟到现实、从软件到硬件、从概念到产品的全过程设计的多功能实验平台。它主要用于电路分析、模拟电路、数字电路、嵌入式系统(单片机应用系统、ARM 应用系统)等的实验、研究、开发等。

Proteus 实验室的主要特点如下。

(1) 多功能型实验室不仅可以仿真电路分析实验、模拟电路实验、数字电路实验,还可以仿真嵌入式系统实验。其最大的特色在于可以提供嵌入式系统(单片机应用系统、ARM 应用系统)的仿真实验,因此,它完全可以称为一个多功能实验平台。

(2) 开放型实验室由于其硬件是基于网络平台的,如一个单位内的局域网或企业网或校园网(或单机版,基于一台 PC)或 Internet 用户。因此其实验用户可以不受传统实验室的时间、空间及实验内容的限制。用户可以跨越时间、空间及实验内容的约束,尽情释放自己的实验兴趣及创新思维;此外,这也使得设备的利用率得到最大的发挥。

(3) Proteus 实验室主要由 Proteus 仿真软件实现,其内置如下。

① 万种以上的元器件(数字的、模拟的、交流的和直流的)及多达 30 多个元件库。

② 多种现实存在的虚拟仪器、仪表,如示波器、频谱分析仪、电压表、电流表、图表分析仪、逻辑分析仪、虚拟终端等。这些虚拟仪器、仪表具有理想的参数指标,如极高的输入阻抗、极低的输出阻抗,尽可能减少仪器对测量结果的影响。

③ 丰富的测试信号源用于电路的测试,这些测试信号包括模拟信号和数字信号。

④ 先进的混合仿真系统,包含 SPICE 电路仿真器、数字仿真器、MCU 仿真器。该系统组合了 SPICE3F5 模拟仿真器核、基于快速事件驱动的数字仿真器及 MCU 仿真器的混合仿真系统,SPICE 的使用使得用户能够采用数目众多的制造商提供的 SPICE 模型,目前该软件包含了 35000 多个模型。这些先进的内置配备使得 Proteus 实验室能够成为先进的实验室。另外,英国 Labcenter 公司也能够为用户制作器件模型,用户还可自己定制。除此之外,软件的不断升级也可保证其器件模型同当今世界的电子技术发展同步,以上所有这些均极大地保证了 Proteus 实验室的先进性,并可在相当长的时间内保持其先进性。

(4) 创新型实验室。Proteus 仿真软件内置的丰富资源为进行创新型实验研究奠定了基础。其仪器、仪表、信号源、元器件、器件模型一应俱全,老师可以在这里开展创新实验内容研究、设计创新实验内容,学生也可以在这里开展除规定实验内容以外的个性化实验研究、创新开发研究。在这里没有时间的限制、没有空间的限制、没有元器件及线路板的限制,人们可以展开自己想象的翅膀,尽情飞翔在创新的空间之中。

(5) 易管理、维护型实验室。由于其核心为 Proteus 仿真软件,因此,其实验是无损耗的,其管理、维护也就是用户账户的管理、软件的安装和更新而已,这极大地降低了老师的设备管理工作量,老师可以有更多的精力投入到实验内容的创新研究之中。

(6) 与传统实验室建设相比,Proteus 实验室建设可以称为低投入、高回报型实验室。用户只需建立相应的计算机网络平台(也可使用已有的计算机网络平台),再购买一套 Proteus 网络板软件、少量的实验验证板即可。实验室的维护费用几乎为零,同时,建立一个这样的实验室可以同时起到多个实验室的功效(如电路分析实验室、模拟电路实验室、数字电路实验室、嵌入式系统(单片机应用系统、ARM 应用系统)实验室、微机原理与接口技术实验室等)。

2.1.4　Proteus 8.6 Professional 的安装教程

首先，下载一个 Proteus 8.6 Professional 安装包，鼠标右击压缩包，选择解压到“Proteus 8.6”，如图 2-1 所示。

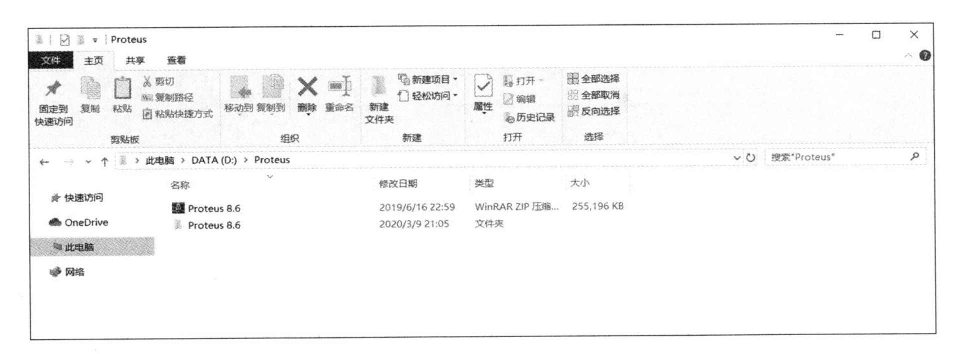

图 2-1　Proteus 8.6 Professional **安装包解压**

在解压文件夹中，找到 Proteus_8.6_SP2_Pro 文件，鼠标双击或右键打开该文件，如图 2-2 所示。

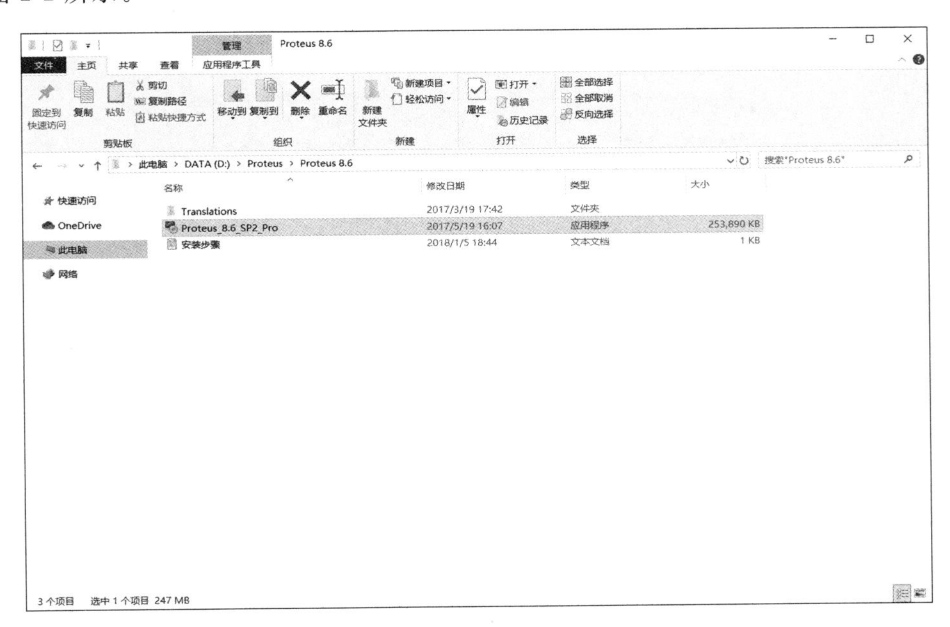

图 2-2　**打开** Proteus_8.6_SP2_Pro **文件**

点击“Browse”，更改安装路径，建议安装在除 C 盘以外的磁盘，可以在 D 盘或者其他盘新建一个 Proteus 8.6 文件夹，然后点击“Next”，如图 2-3 所示。

出现如图 2-4 所示的下载安装界面，点击“Next”。

开始安装，出现如图 2-5 所示的安装界面，等待约 5 分钟左右，切勿点击“Cancel”。

点击“Finish”，完成安装，如图 2-6 所示。

在解压文件夹中，找到 Translations 文件夹，鼠标右击选择“复制”，如图 2-7 所示。

在 D 盘中找到“Proteus 8 Professional”，鼠标右击打开，如图 2-8 所示。

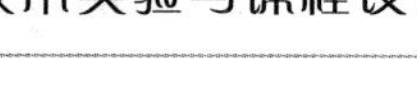

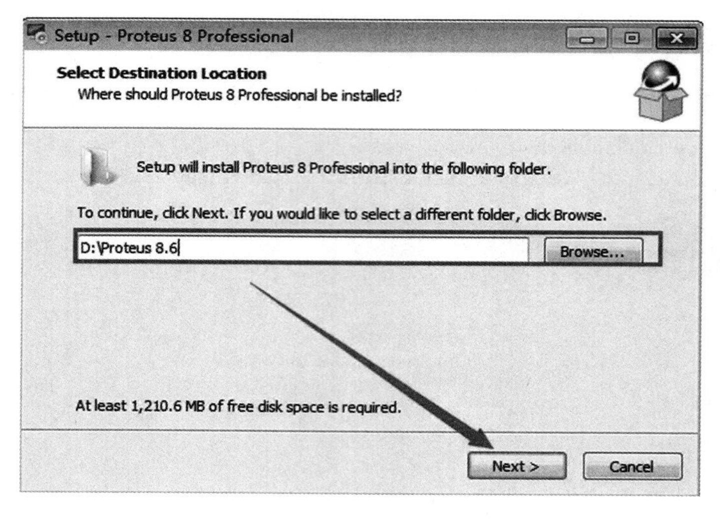

图 2-3　下载安装界面

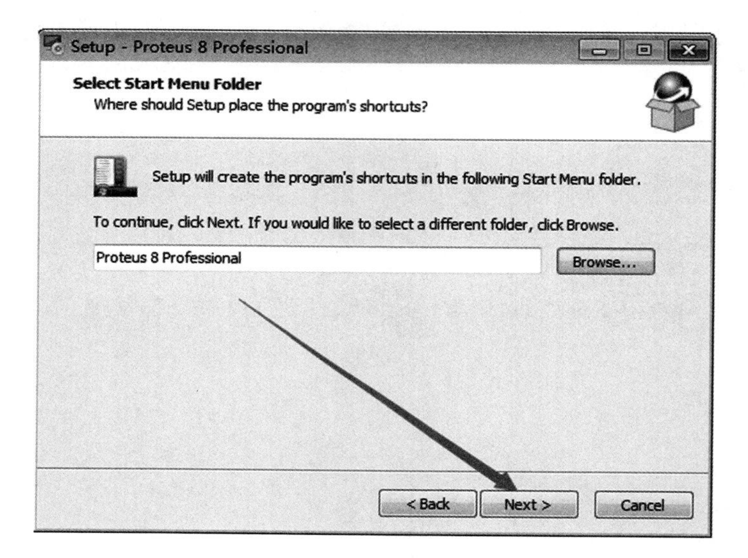

图 2-4　下载安装界面

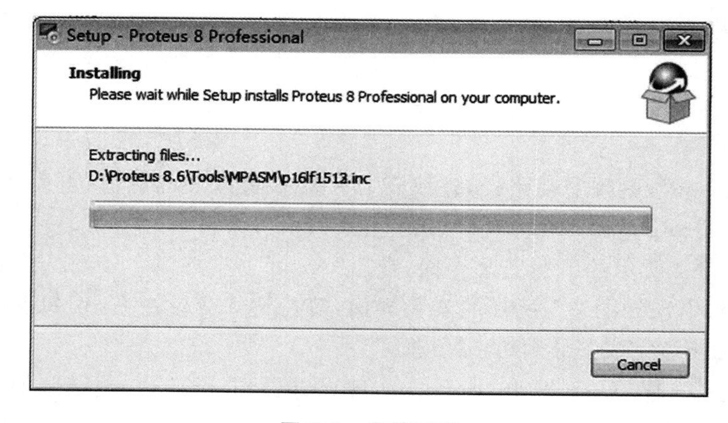

图 2-5　安装界面

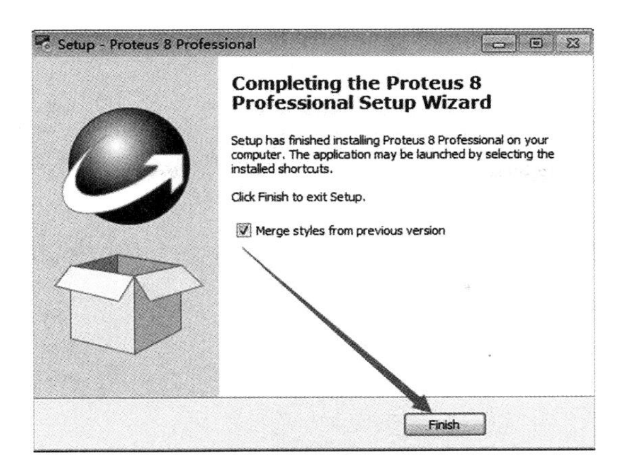

图 2-6 完成安装

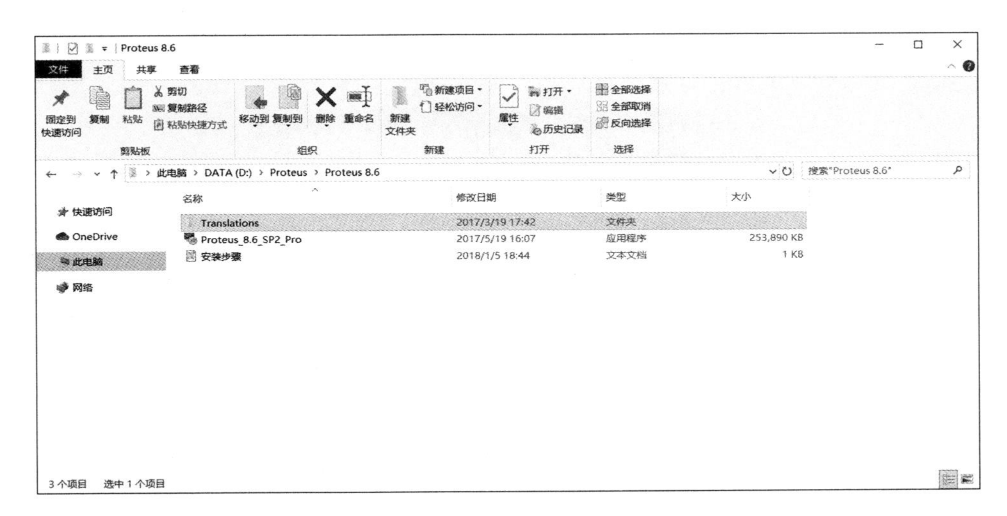

图 2-7 汉化包文件

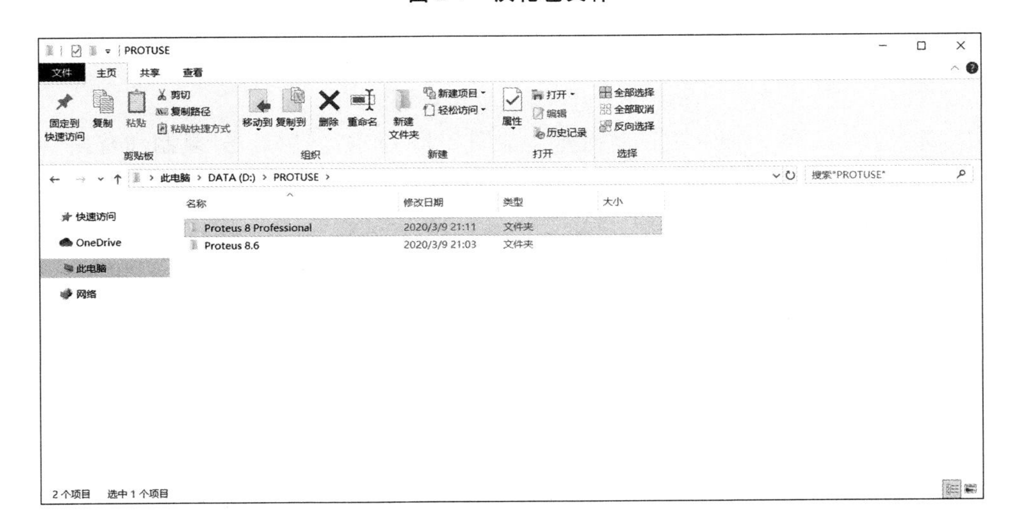

图 2-8 汉化包安装

在空白处，鼠标右击，选择“粘贴”，如图 2-9 所示。

名称	修改日期	类型	大小
BIN	2018/1/5 18:30	文件夹	
Datasheets	2018/1/5 18:30	文件夹	
Downloads	2018/1/5 18:30	文件夹	
DRIVERS	2018/1/5 18:30	文件夹	
HELP	2018/1/5 18:30	文件夹	
LIBRARY	2018/1/5 18:32	文件夹	
LICENCE	2018/1/5 18:31	文件夹	
MCAD	2018/1/5 18:32	文件夹	
MODELS	2018/1/5 18:31	文件夹	
SAMPLES	2018/1/5 18:31	文件夹	
Snippets	2018/1/5 18:32	文件夹	
TEMPLATES	2018/1/5 18:32	文件夹	
Tools	2018/1/5 18:30	文件夹	
Translations	2018/1/5 18:31	文件夹	
VSM Studio	2018/1/5 18:30	文件夹	
proteus	2018/1/5 18:32	配置设置	1 KB
SampleSearchCache	2018/1/5 18:34	配置设置	591 KB
STARTUP	2018/1/5 18:34	配置设置	10 KB
unins000.dat	2018/1/5 18:32	DAT 文件	1,248 KB
unins000	2018/1/5 18:28	应用程序	1,172 KB

查看(V)
排序方式(O)
分组依据(P)
刷新(E)
自定义文件夹(F)...
粘贴(P)
粘贴快捷方式(S)
撤消 重命名(U) Ctrl+Z
共享(H)
新建(W)
属性(R)

图 2-9 粘贴

然后，进入确认文件夹替换界面，点击“是”，如图 2-10 所示。

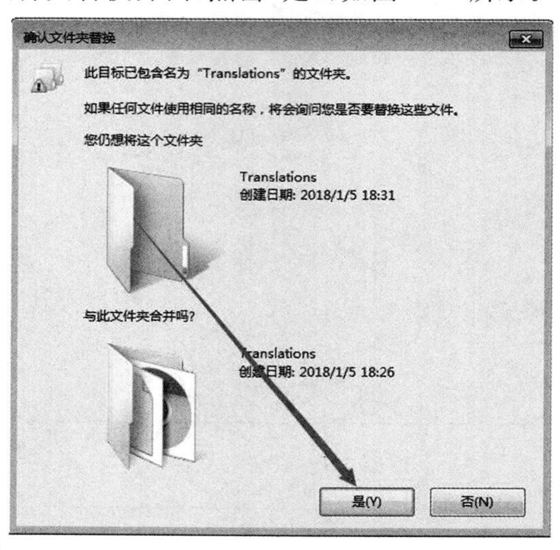

图 2-10 确认文件夹替换

勾选“为之后 26 个冲突执行此操作”，如图 2-11 所示，然后点击“复制和替换”。

点击桌面上的 Proteus 8.6 Professional 快捷方式，鼠标右击打开，启动 Proteus 8.6 Professional，如图 2-12 所示。

当启动之后，进入 Proteus 8.6 Professional 汉化启动界面，如图 2-13 所示。

2.1.5 Proteus 8.6 Professional 软件运行环境

Proteus 8.6 Professional 主要由以下两个设计平台组成。

(1) 智能原理图输入系统(intelligent schematic input system，ISIS)是原理图的设计与仿真平台，它用于电路原理图的设计及交互式仿真。

(2) 高级路由和编辑软件(advanced routing and editing software，ARED)用于印制电路板的设计，并产生光绘输出文件。

为满足数字电子技术的学习要求，下面以安装好的 Proteus 8.6 Professional 作为

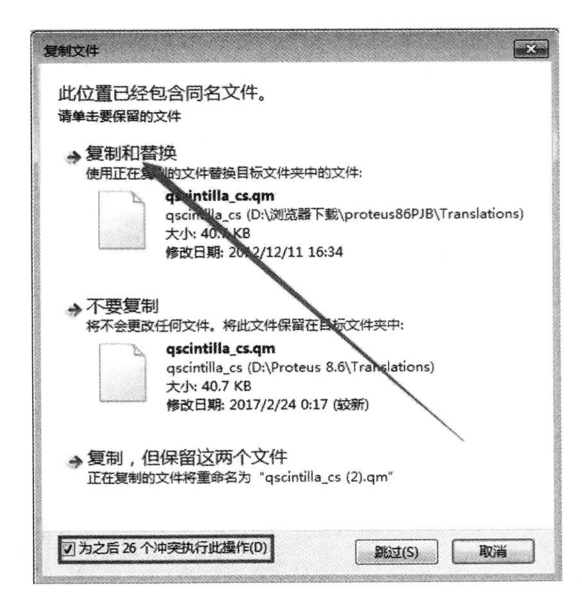

图 2-11　复制文件界面

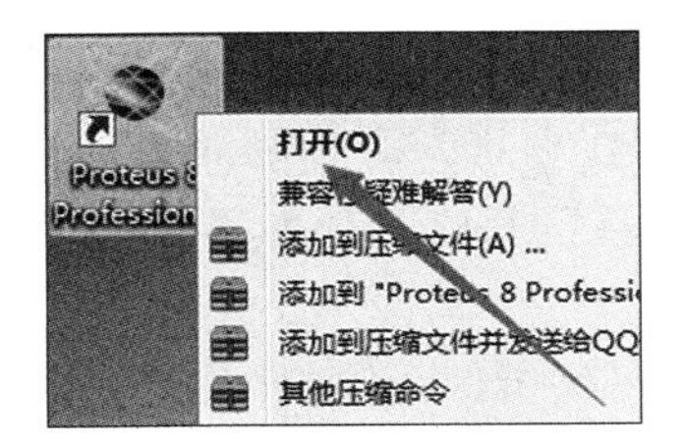

图 2-12　Proteus 8.6 Professional 启动

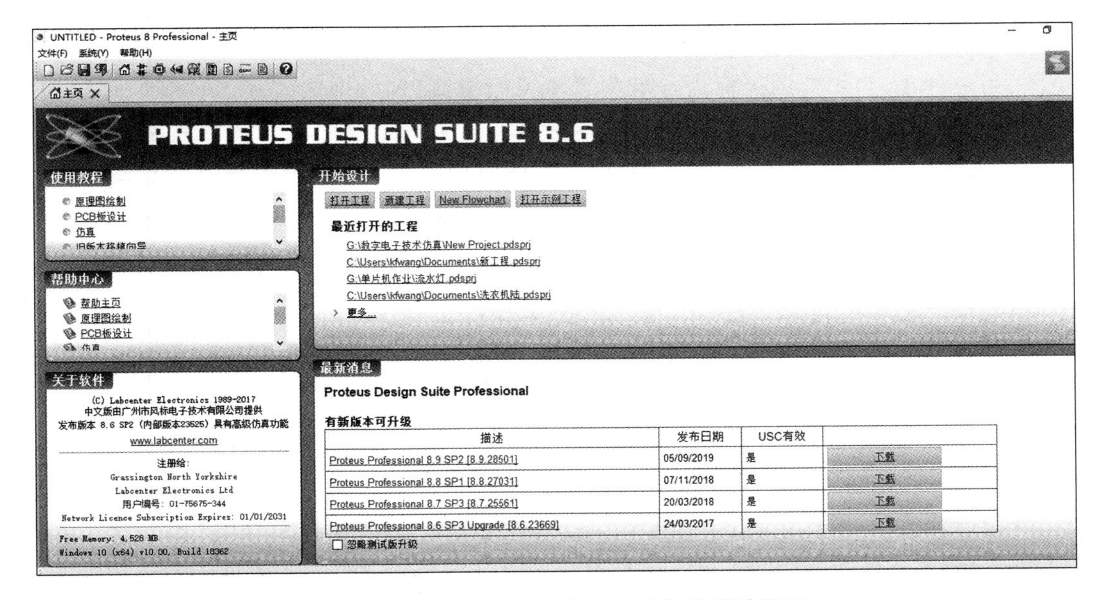

图 2-13　Proteus 8.6 Professional 汉化启动界面

对象进行介绍。

Proteus 8.6 Professional 的工作界面相对简洁，功能直观、简洁。在双击启动 Proteus 8.6 Professional 后，可以观察到仿真界面，如图 2-14 所示。

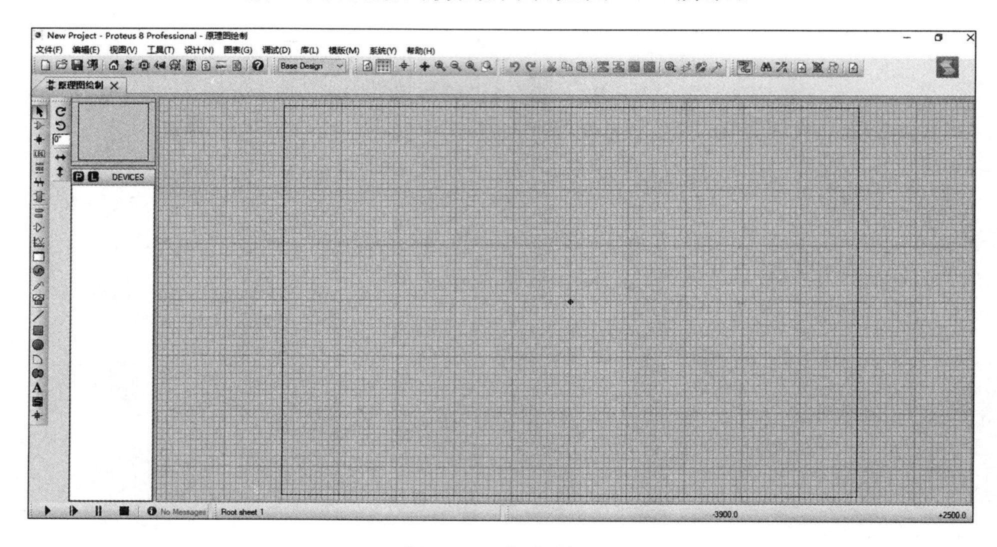

图 2-14 仿真界面

点击开始设置中的“新建工程”，进入工程创建界面，将工程命名为“流水灯”，存放地址改为“G:/数字电子技术仿真”，完成工程创建后进入仿真界面。

1. 图形编辑窗口

图形编辑窗口内的方框为可编辑区，元器件放置在编辑区内，读者可以用预览窗口来调节原理图的视窗范围。

2. 预览窗口

预览窗口显示两种内容：一种是当用户选中某一个元器件时，它会显示该元件的预览图；另一种是，当用户的光标焦点落在原理图编辑窗口时（即放置元器件到原理图编辑窗口后或在原理图编辑窗口中点击鼠标之后），它会显示整张原理图的缩略图，并会在左上方显示一个方框，方框里的内容就是当前原理图窗口中所显示的内容，因此用户可通过鼠标在它上面点击来改变预览窗口的位置，从而改变原理图的可视范围。

3. 模型工具选择栏

1）主要模型工具

主要模型工具如图 2-15 所示。

可供选择的主要模型工具如下。

（1）用于即时编辑元件参数（先点击该图标，再点击要修改的元件）。

（2）选择元件（默认选择的）。

（3）放置连接点。

（4）放置标签。

（5）放置文本。

（6）用于绘制总线。

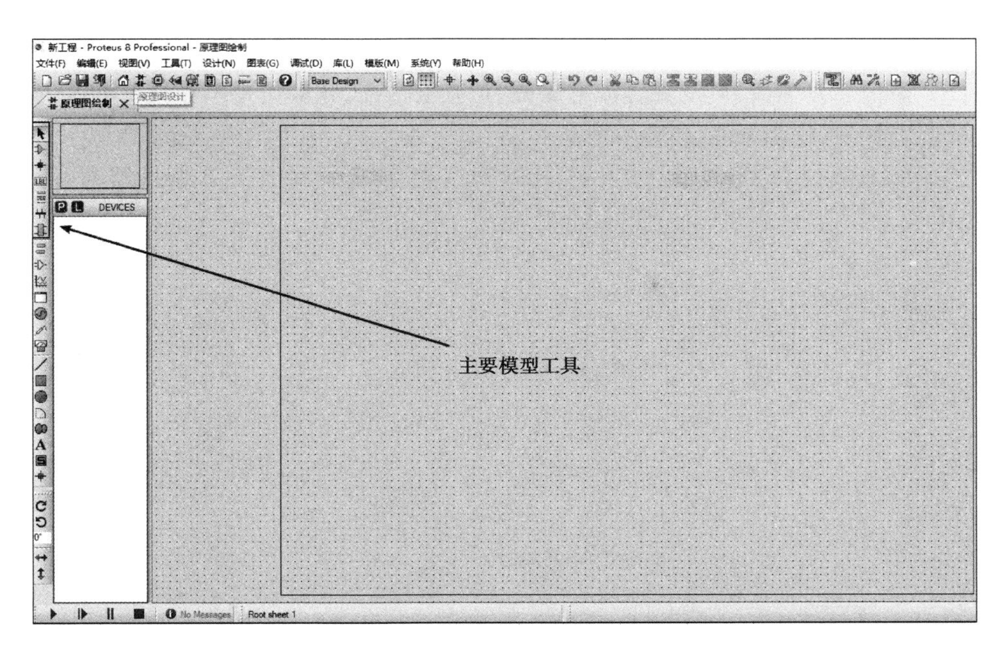

图 2-15 主要模型工具

(7) 用于放置子电路。

2）配件

配件如图 2-16 所示。

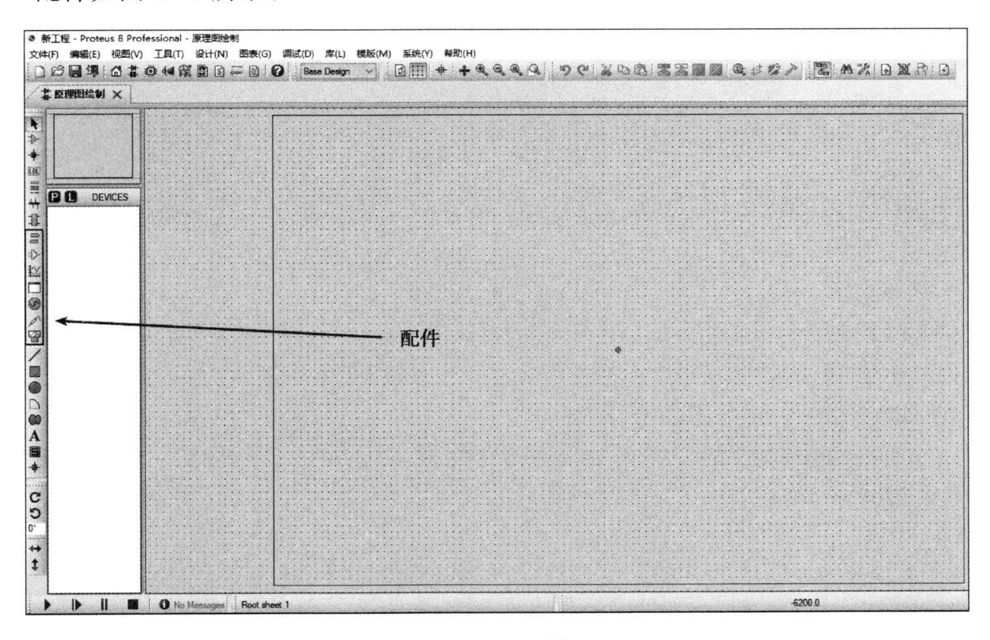

图 2-16 配件

可供选择的配件如下。

(1) 终端接口：有 V_{CC}、GND、输入、输出等接口。

(2) 器件引脚：用于绘制各种引脚。

(3) 仿真图表：用于绘制各种引脚。

(4) 录音机:可录/放声音文件。

(5) 信号发生器:可设置直流电压源、正弦信号源、脉冲信号源等。

(6) 探针:使用电压/电流探针。

(7) 虚拟仪表:示波器、计数器、RS232 终端、SPI 调试器、IC2 调试器和各种电压/电流表。

3) 2D 图形

2D 图形如图 2-17 所示。

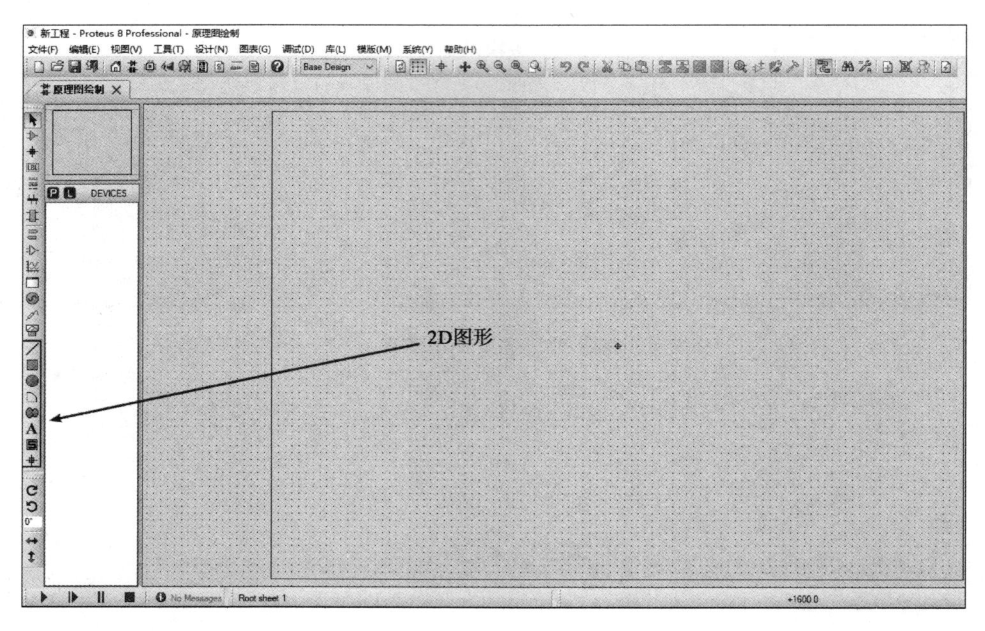

图 2-17　2D 图形

2D 图形功能如下。

(1) 绘制直线。

(2) 绘制方框。

(3) 绘制圆。

(4) 绘制圆弧。

(5) 绘制各种多边形。

(6) A添加编辑文本。

(7) 放置符号。

(8) 放置原点。

4) 元件列表

元件列表用于挑选元件、终端接口、信号发生器、仿真图表等。例如,当用户选择“元件”,鼠标左键点击即可观察到元器件模型,鼠标双击选择一个元件后(或者鼠标点击后,点击“OK”),该元件会在元件列表中显示,后期要用到该元件时,只需在元件列表中选择即可。

5) 方向工具栏

方向工具栏如图 2-18 所示。

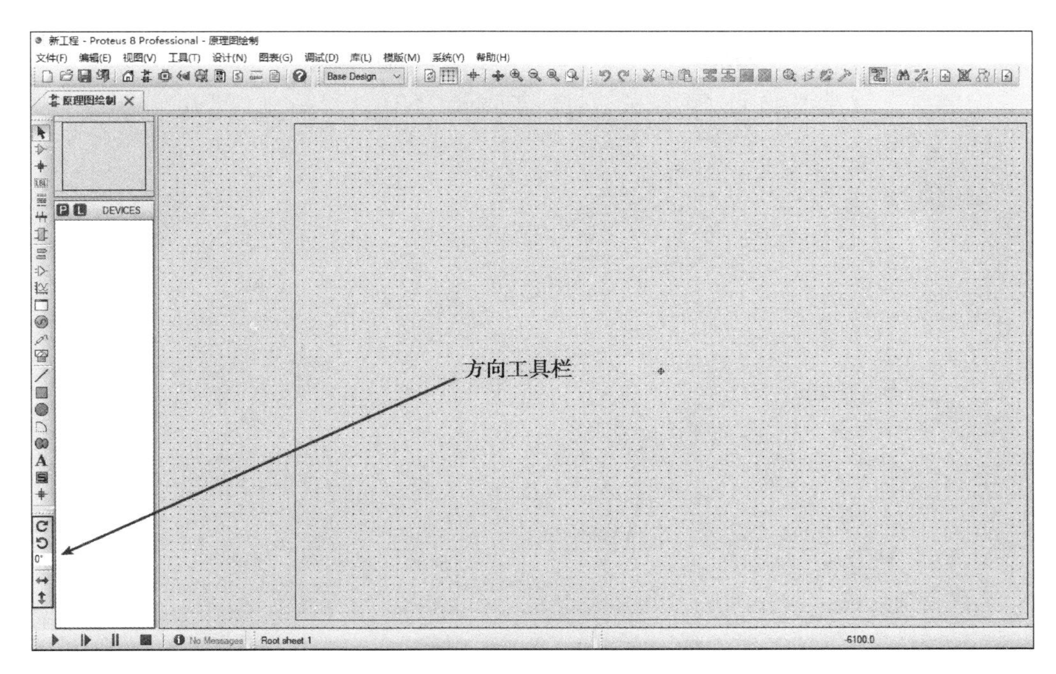

图 2-18 方向工具栏

方向工具栏功能如下。

(1) C、Ↄ、0°旋转。

旋转角度是90°的整数倍,可顺时针或逆时针任意调旋转元器件的角度。

(2) ↔、↕翻转。

完成水平翻转和垂直翻转。

(3) 使用方法。

先鼠标右键点击元件,再点击(左击)相应的旋转图标。

6) 仿真工具栏

仿真工具栏如图 2-19 所示。

仿真工具栏功能如下。

(1) ▶ 运行。

(2) ▮▶ 单步运行。

(3) ▮▮ 暂停。

(4) ■ 停止。

7) 系统主菜单

系统主菜单如图 2-20 所示。

系统主菜单功能如下。

(1) 文件菜单:新建、加载、保存、打印等文件操作。

(2) 编辑菜单:编辑取消、剪切、复制、粘贴、器件清理等操作。

(3) 视图菜单:光标的居中、图纸的缩放等操作。

(4) 工具菜单:实时标注、自动放线、全局赋值、电气规则检查、材料清单生成等操作。

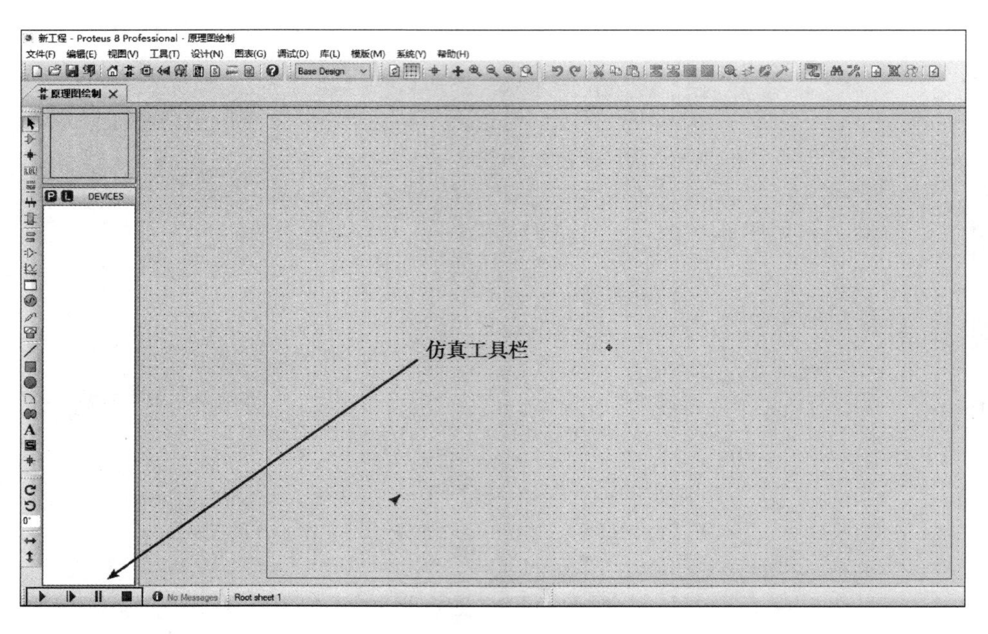

图 2-19　仿真工具栏

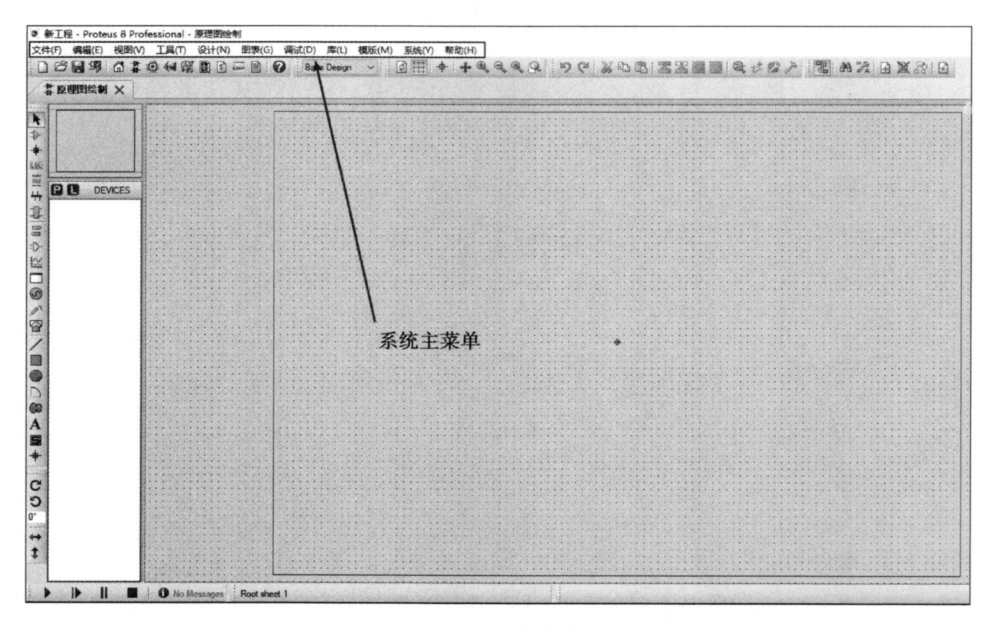

图 2-20　系统主菜单

(5) 设计菜单:设计编辑属性、添加和删除图纸、电源配置等操作。

(6) 图表菜单:编辑图表,添加曲线、仿真图表等操作。

(7) 调试菜单:开始仿真、单步运行等操作。

(8) 库菜单:器件封装、库编译、库管理等操作。

(9) 模板菜单:设置模板格式、加载模板等操作。

(10) 系统菜单:设置运行环境、系统信息、文件路径等操作。

(11) 帮助菜单:打开帮助文件,设计实例、版本信息等操作。

4. 操作简介

(1) 绘制原理图。

绘制原理图要在原理图编辑窗口中的方框内完成。点击鼠标左键,放置元件;点击鼠标左键,选择元件;双击鼠标右键,删除元件;画框选中对象,再用左键拖动选中的元件;双击编辑元件属性;选中元件后,按住左键即可拖动元件;连线用左键,双击右键即可删除该连线;接线改连,可先右击连线,再左键拖动;滚动键可控制编辑窗口的缩放,点击可移动视图。

(2) 定制自己的元件。

定制自己的元件有两个实现途径:用 Protues VSM SDK 开发仿真模型制作元件;在已有的元件基础上进行改造。

(3) Sub-Circuits 应用。

(4) 采用一个子电路把部分电路封装起来,这样可以节省原理图窗口的空间。

2.2 Proteus 8.6 Professional 在数字电子技术实验中的应用

2.2.1 实例设计过程

1. 建立新项目

启动软件之后,首先新建一个项目:点击菜单→文件→新建工程,如图 2-21 所示。然后选择好文件路径和对工程命名,即可出现如图 2-22 所示的对话框,选择设计模板,一般选择“Landscape A4”即可,点击“OK”。然后连续点击“下一步”,完成设计图纸的模板选择,出现一个空白设计空间,如图 2-23 所示。

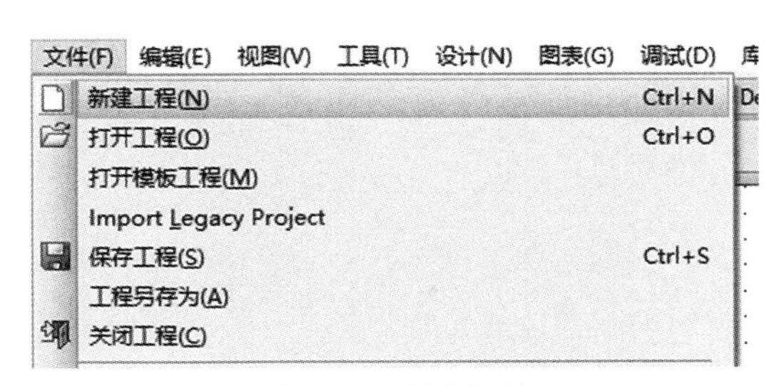

图 2-21 新建设计

2. 调入元件

在新建窗口中,点击对象选择器上方的按钮“P”,如图 2-24 所示,即可进入元件查找对话框,如图 2-25 所示。

在图 2-25 所示的对话框左上角,有一个关键字输入框,可以在此输入要用的元件名称(或名称的一部分),右边出现符合输入名称的元件列表。例如,采用的单片机型号为 AT89C52,输入 AT89C,就会出现一些元件,选中 AT89C52 并双击它,就可以将它调入设计窗口的元件选择器。在关键字中重新输入要用到的元件,如 LED,双击需要用的具体元件,如 LED-YELLOW,即可调入。继续输入、调入,直到完成,点击“OK”,关闭对话框。以后如果需要其他元件,还可以再次调入。所采用的元件列表如表 2-1 所示。

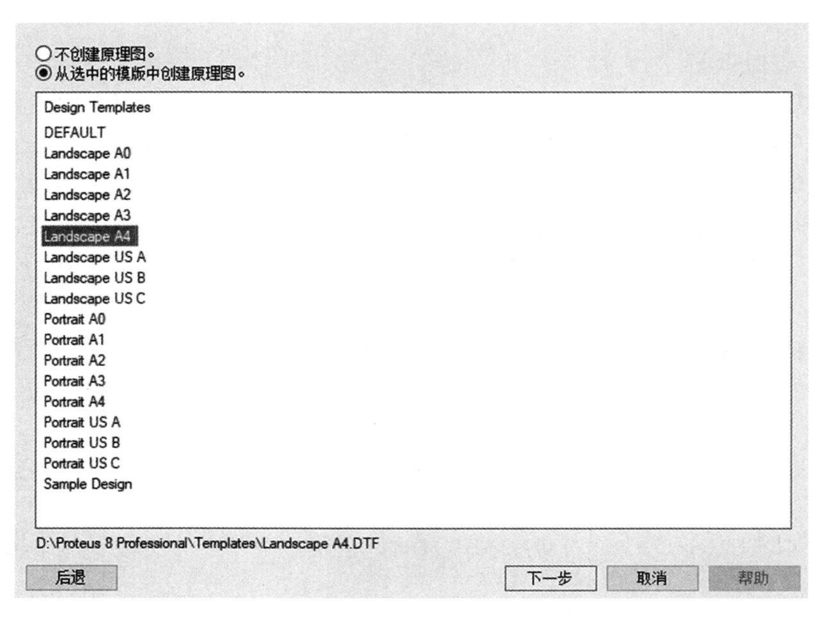

图 2-22　选择设计模板

图 2-23　空白设计空间

表 2-1　元件列表

名　　称	型　　号
单片机	AT89C52
七段数码管	7SEG -BCD
电容	CAP-72pF
按钮	BUTTON

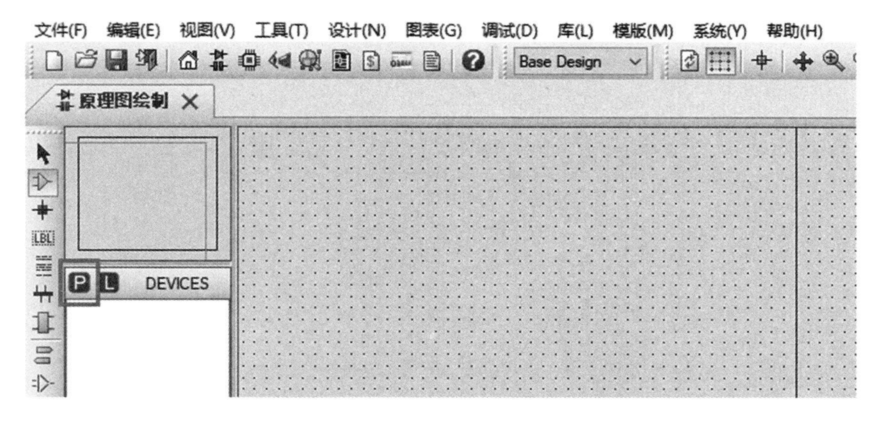

图 2-24 调入元件

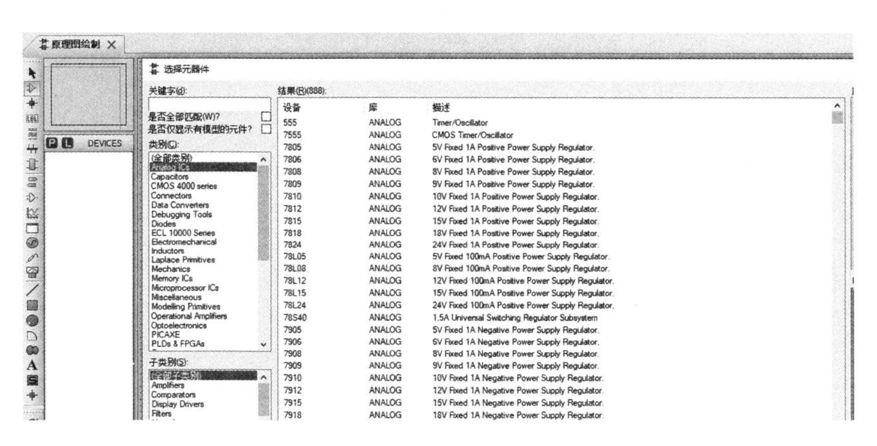

图 2-25 元件查找对话框

以上元件就够用了，其他元件只是供选用。

3. 设计原理图

1）放置元件

在对象选择器的元件列表中，点击所用元件，再在设计窗口点击元件，出现所用元件的轮廓，并随鼠标移动，找到合适位置，点击元件，元件被放到当前位置。至此，一个元件被放置好了。继续放置要用的其他元件。

2）移动元件

如果要移动元件的位置，可以先鼠标右击元件，然后将元件拖动到需要放置的位置放下即可。放下元件后如果位置不合适，还可以继续拖动元件，直到位置合适，在空白处点击鼠标左键，取消选中。

3）移动多个元件

如果多个元件要一起移动，可以先把它们都选中，然后移动。选择多个元件的方法是，在空白处，点击鼠标左键并拖动，出现一个矩形框，让矩形框包含需要选择的元件再放开（见图 2-26）。如果选择的元件不合适，可以在空白处点击，取消选中，然后重新选择。

移动元件的目的主要是便于连线，当然也要考虑美观。

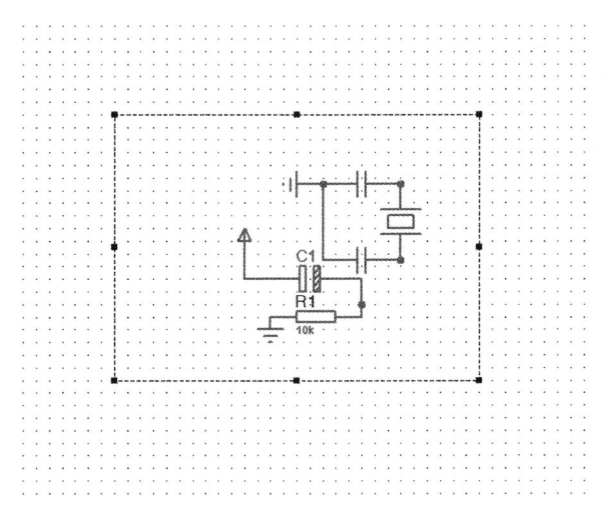

图 2-26 选择多个元件

4）信号连线

信号连线是把元件的引脚按照需要用导线进行连接。信号连线方法是，在开始连线的元件引脚处点击鼠标左键（光标接近引脚端点附近会出现小方框），移动光标到另一个元件引脚的端点处，点击即可。移动过程中会有一根线跟随光标延长，直到再次点击才会停住。单片机信号连线图如图 2-27 所示。

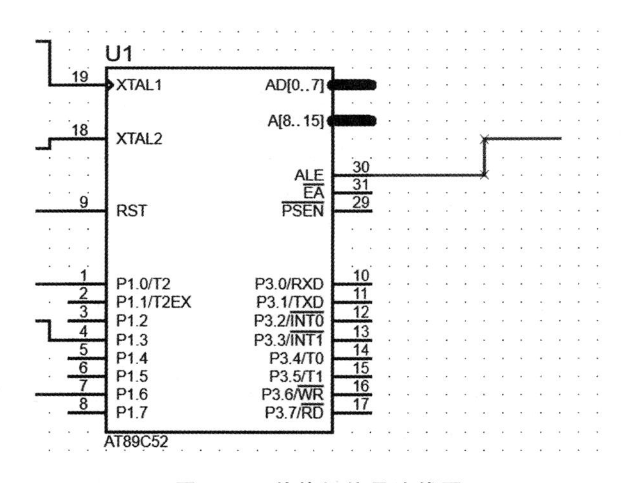

图 2-27 单片机信号连线图

5）修改元件参数

电阻、电容等元件的参数可以根据需要修改。例如，限流电阻的阻值应该在 200～500 Ω，上拉电阻的阻值应该在几千欧姆。以修改上拉电阻阻值为例，先鼠标左键点击或右击该元件，然后再点击，出现图 2-28 所示的对话框。在“Resistance(Ohms):”后面的输入框中输入“10 k”(单位为欧姆)，然后点击“确定”按钮以确认并关闭对话框，电阻阻值设置完毕。

6）添加电源和地线

在左边工具栏点击终端图标“ ”，即可出现可用的终端，如图 2-29 所示。

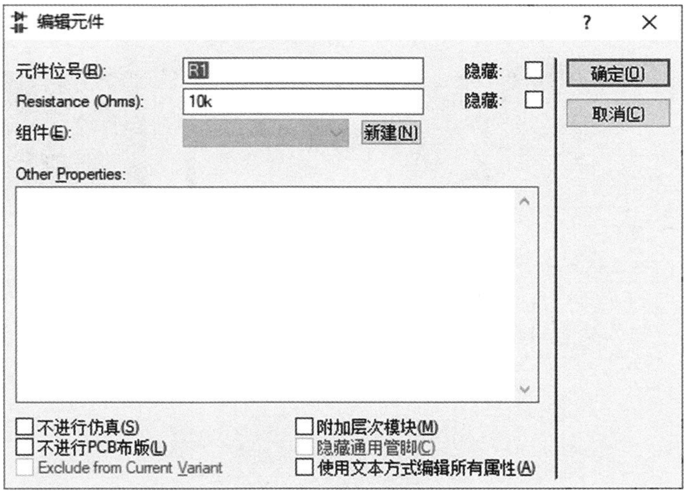

图 2-28 修改电阻阻值

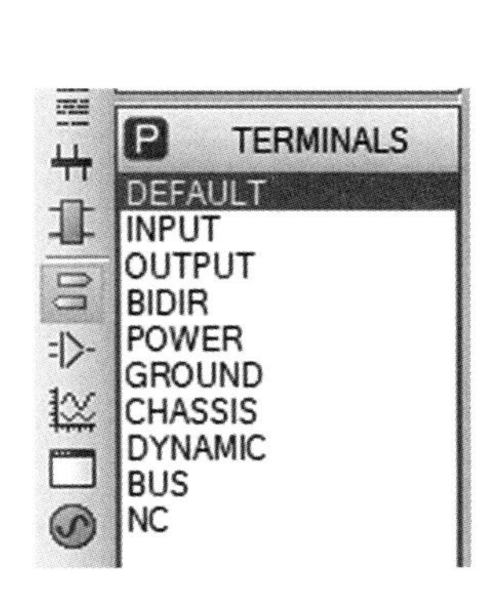

图 2-29 选择终端

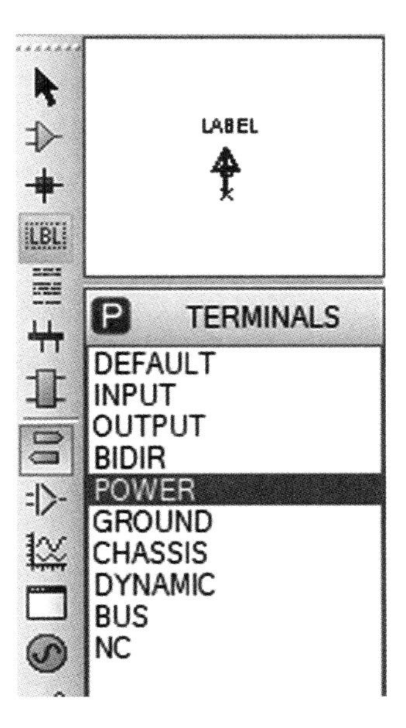

图 2-30 选择电源符号

在对象选择器中的对象列表中，点击“POWER”，如图 2-30 所示，在预览窗口出现电源符号，在需要放置电源的地方点击鼠标，即可放置电源符号。放置电源符号之后，就可以连线了。放置接地符号(地线)的方法与放置电源类似，在对象选择列表中点击“GROUND”，然后在需要接地符号的地方点击鼠标即可。

注意：放置电源和地线之后，如果又需要放置元件，应该先点击左边工具栏元件图标“”，就会在对象列表中出现从元件库中调出来的元件。

计数电路原理图如图 2-31 所示。按照图 2-31，我们还需要放置开关按键、接地符号连线，最终完成原理图。

7）添加程序

单片机应用系统的原理图设计完成之后，还要设计和添加程序，否则无法仿真运

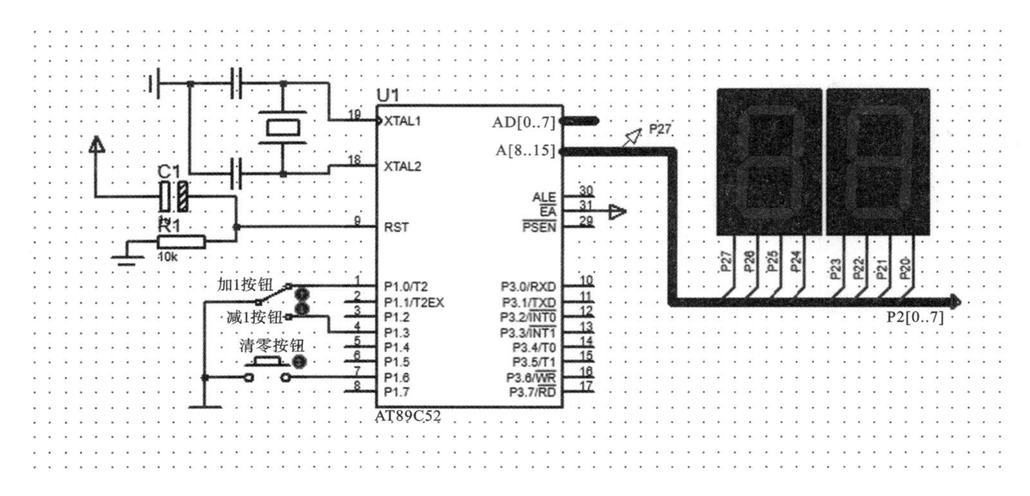

图 2-31　计数电路原理图

行。实际的单片机也是这样。

8）编辑源程序

按照 51 系列单片机的汇编语言语法要求，对照控制要求，编写源程序。可以使用任何一种纯文本编辑器来编辑源程序，如记事本、写字板等。还可以使用 keil 软件来完成，然后在 Proteus 上完成联调，keil 代码如图 2-32 所示。编辑完成的源程序扩展名为“hex”，以便编译软件识别。

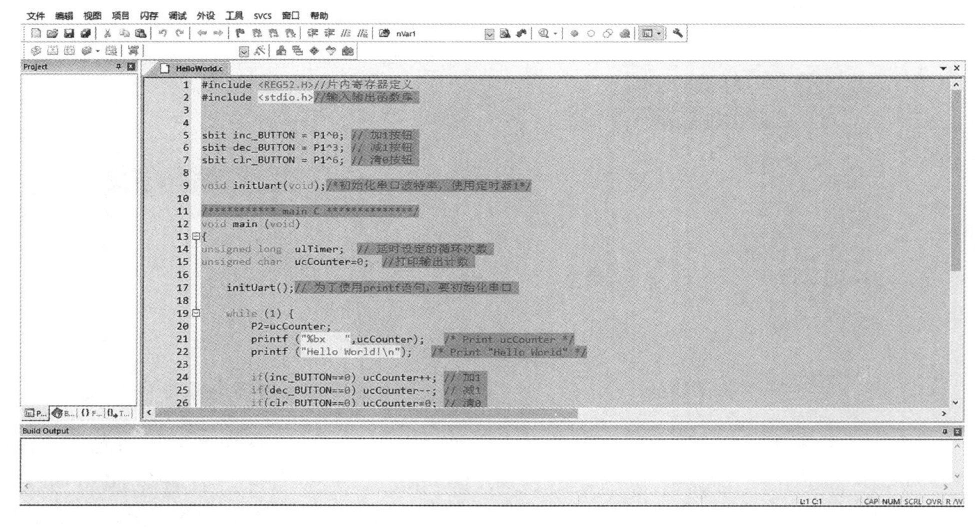

图 2-32　keil 代码

9）添加源程序

在 Proteus 8.6 Professional 软件单片机仿真项目中添加源程序，可鼠标左键点击仿真图中 AT89C52→Program Files→[图标]，如图 2-33 所示；再找到前面准备的 hex 文件，点击“确定”导入。

10）一般仿真

原理图编辑窗口下面有一排按钮“[仿真控制按钮]”，利用它可以控制仿真的过程。点

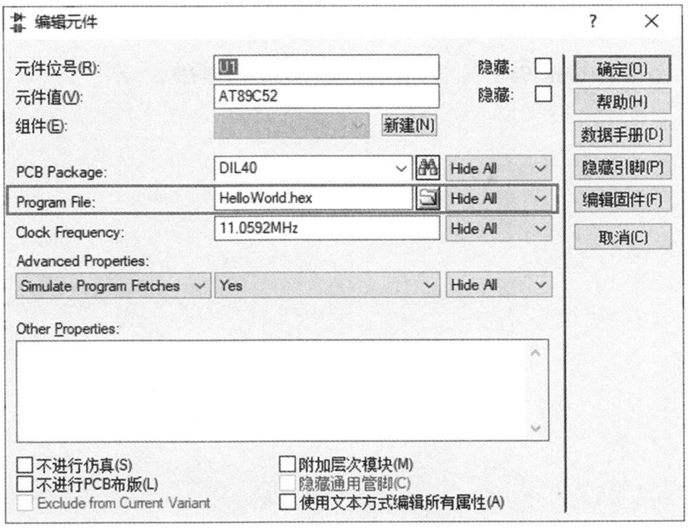

图 2-33　导入源程序

击“▶”按钮可开始仿真，点击“⏵”按钮可进行单步仿真，点击“⏸”按钮可执行暂停，点击“■”按钮可停止仿真。点击开始仿真按钮，如果出现图 2-34 所示的电路，则仿真成功。

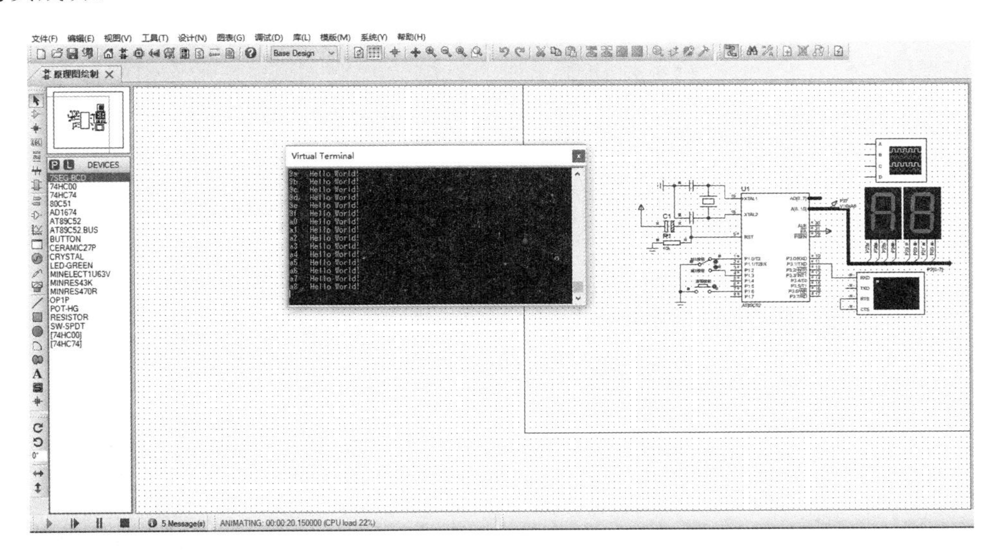

图 2-34　仿真运行

2.2.2　基于 NE555 芯片制作方波发生器的实例

NE555 定时器的功能主要由两个比较器决定。两个比较器的输出电压控制 RS 触发器和放电管的状态。在电源与地之间加上电压，当 5 脚悬空时，电压比较器 C_1 的同相输入端的电压为$\frac{2}{3}U_{cc}$，电压比较器 C_2 的反相输入端的电压为$\frac{1}{3}U_{cc}$。若触发输入端 TR 的电压小于$\frac{1}{3}U_{cc}$，则比较器 C_2 的输出为 0，可使 RS 触发器置 1，使输出端的输出为

1。如果阈值输入端 TH 的电压大于$\frac{2}{3}U_{cc}$，同时 TR 端的电压大于$\frac{1}{3}U_{cc}$，则 C_1 的输出为 0，C_2的输出为 1，可将 RS 触发器置 0，使输出为低电平。双击 Proteus 图标，打开的 Proteus 主界面如图 2-35 所示。

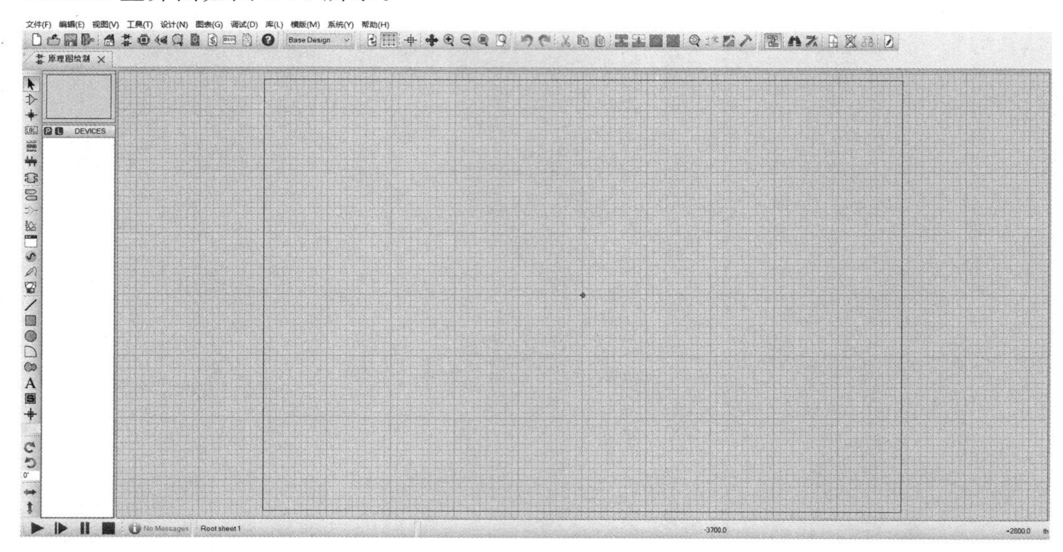

图 2-35 Proteus 主界面

添加元件到元件列表中，本例要用到的元件有 NE555、RES、CAP。点击"P L DEVICES"中的"P"按钮，出现挑选文件的界面，如图 2-36 所示。在图 2-36 的界面中依次填写相应的元件，每次只能填写一个元件名。

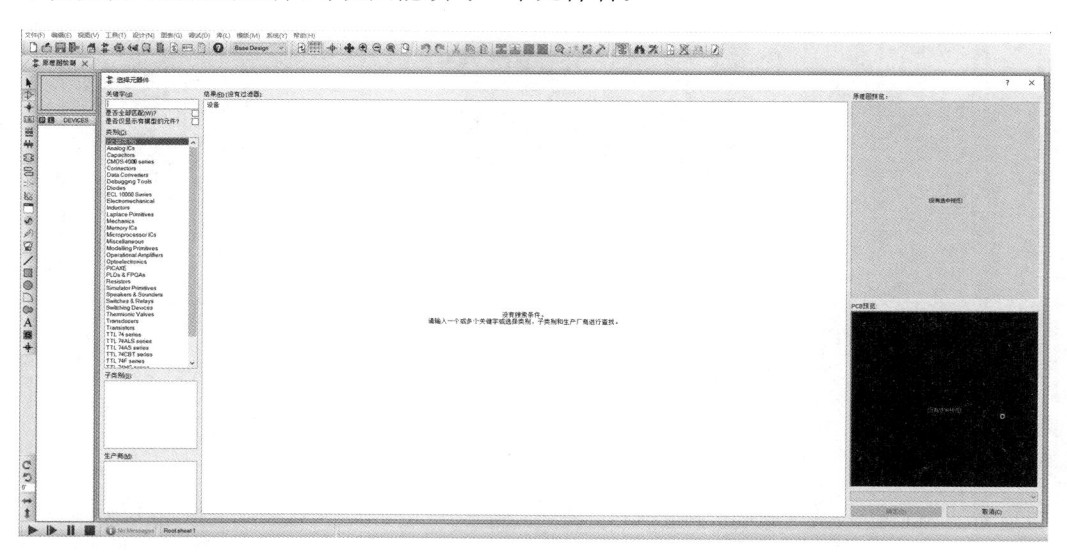

图 2-36 添加元件界面

在对象选择窗口双击鼠标左键或者点击选中元件，并点击右下角的"确定"按钮，然后放置到编辑区中，如图 2-37 所示。

放入编辑区后点击鼠标左键可选中所需的芯片，然后进行放置，如图 2-38 所示。

NE555 方波发生器仿真电路图如图 2-39 所示。

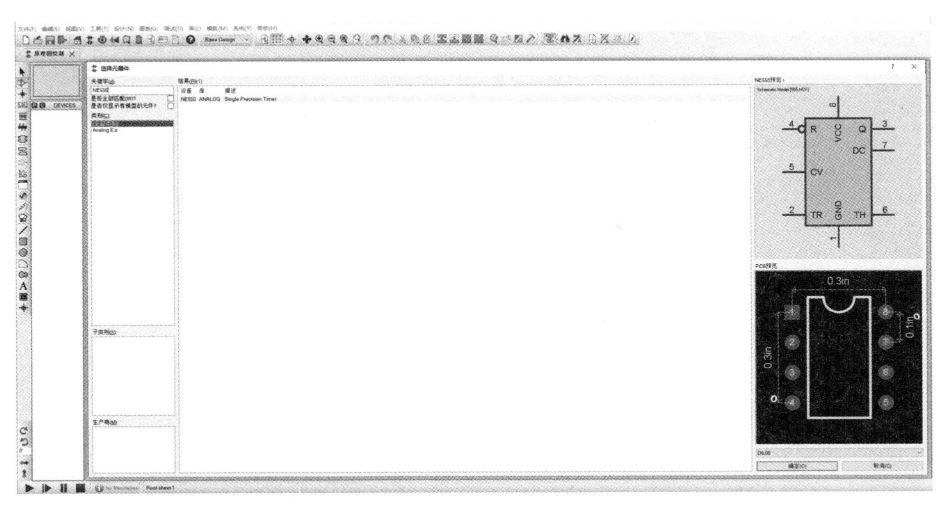

图 2-37 添加元件

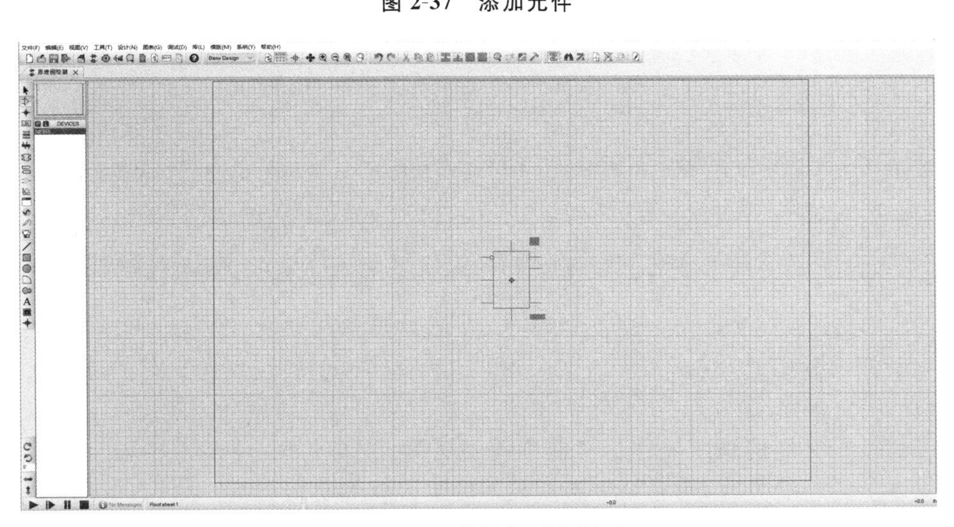

图 2-38 元件添加到编辑区

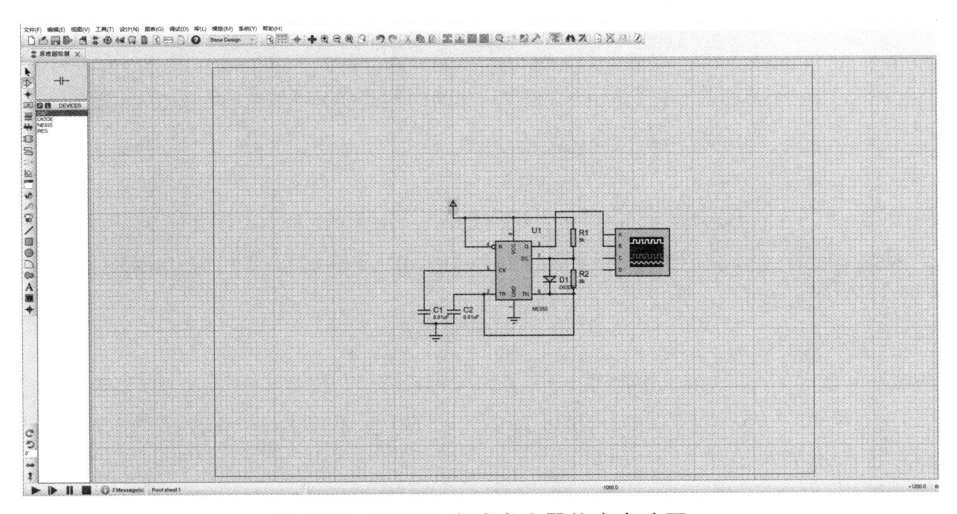

图 2-39 NE555 方波发生器仿真电路图

点击图 2-39 左下角的三角形图标“▶”，即可运行，点击正方形图标“■”，即可停止运行。NE555 方波发生器运行图如图 2-40 所示。

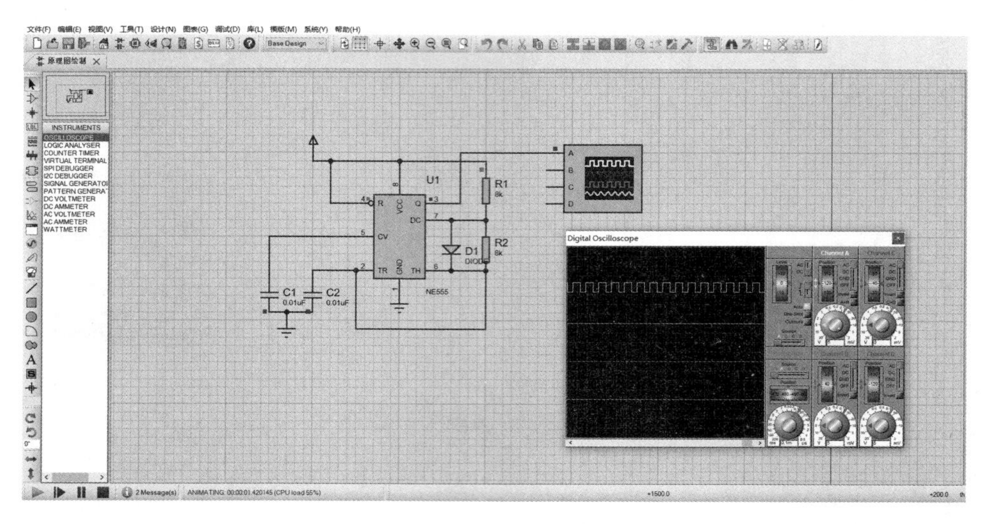

图 2-40　NE555 方波发生器运行图

综上所述，利用 Proteus 8.6 Professional 仿真工具，实现了基于 NE555 的方波发生器，上述为基于 NE555 的方波发生器的 Proteus 8.6 Professional 仿真过程。

2.3　Proteus 8.6 Professional 仿真软件的特性

本节深入分析 Proteus 8.6 Professional 仿真软件的特性，具体如下。

（1）用户界面。

如何使最常用的画图操作尽可能变得更方便、快捷？Proteus 8.6 Professional 给用户提供了无连线方式，用户只需点击元件的引脚就能实现布线。此外，布置、编辑、移动和删除操作都能够直接用鼠标实现，无需点击菜单或图标。

（2）层次设计。

与支持通常的多图纸设计一样，Proteus 8.6 Professional 也支持层次设计。特殊的元件能够定义为通过电路图表示的模块，能够任意设定层次，模块可画成标准元件，可在使用中放置或删除端口的子电路块。

（3）总线支持。

Proteus 8.6 Professional 提供的不仅是一根总线，还能用总线引脚定义元件和子电路。因此，一个连接在处理器和存储器之间的 32 位的处理器总线可以用单一的线表示，节省了绘图的时间和空间。

（4）元件库丰富。

Proteus 8.6 Professional 提供包含 8000 多个部件的元件库，包括标准符号、三极管、二极管、热离子管、TTL、CMOS 电路、ECL、微处理器及存储器部件、PLDS 模拟、ICS 和运算放大器等。

（5）元件属性。

元件库中的每个元件都有一定数目的属性。某些属性控制软件的专用功能，用户也可以添加自己的属性。一旦库建立,就能提供默认值以及属性定义。属性定义提供大量的属性描述,当修改元件时,属性显示在元件编辑的区域内。

(6) 可视化封装工具。

原理图和PCB库部件的匹配是由封装工具简化的。原理图部分引脚的旁边显示PCB的封装,并允许每个引脚名对应文本和图形的引脚号码。

(7) 生成报告。

Proteus 8.6 Professional 支持许多第三方网表格式,因此能被其他软件使用。设置材料报表后可以添加用户所需的元件属性,也可设置属性列表以选择所需的属性。ERC报告可列出可能的连线错误,如未连接的输入、矛盾的输出以及未标注的网络标签。

2.4 本章小结

本章节围绕仿真工具Proteus 8.6 Professional软件的安装与使用方法进行了详细讲解。2.1节介绍了Proteus 8.6 Professional软件,重点介绍了Proteus 8.6 Professional的安装教程和软件运行环境、应用案例讲解和相关特性。2.2节以基于NE555芯片制作方波发生器为实例,演示Proteus 8.6 Professional软件在数字电子技术实验中的具体操作流程。2.3节深入分析Proteus 8.6 Professional仿真软件的特性,让读者感受该软件强大的功能。

3

学科基础实验

数字电子技术实验课程是数字电路基础课程配套的重要专业基础实践课程，是以实践为主的实验课程，是新工科各相关专业基础实训的创新创业实践课程，是以学生为中心的实践教学课程，在培养学生实践能力和创新能力中起着重要作用。

3.1 TTL集电极开路门与三态输出门的应用

本节属于TTL集电极开路门与三态输出门的应用基础实验，初步了解74LS03、74LS125门电路功能和其基本使用方法，并用这些门电路设计一些功能简单的逻辑电路图。

3.1.1 实验目的

(1) 了解TTL集电极开路门与三态输出门的应用。
(2) 掌握TTL三态输出门的应用。
(3) 掌握TTL集电极开路门与三态输出门的典型应用。

3.1.2 实验设备及器材

(1) 74LS03，四二输入与非门，1片。
(2) 74LS125，三态四总线缓冲器，1片。
(3) 数字万用表，1台。
(4) 数字电路实验箱，1台。

3.1.3 实验预习要求

(1) 预习TTL集电极开路门与三态输出门的基本工作原理。
(2) 通过查找相关资料，了解74LS03、74LS125的逻辑功能及外部引脚排列。

3.1.4 实验原理

1. TTL逻辑门简介

TTL(transistor-transistor logic)逻辑门电路采用双极型工艺制造，具有速度快和品种多等特点。从20世纪60年代成功开发第一代产品以来，其现已有以下几代产品。

第一代 TTL 包括 SN54/74 系列(其中 SN54 系列工作温度为－55～125 ℃,SN74 系列工作温度为 0～75 ℃),低功耗系列简称 LTTL,高速系列简称 HTTL。

第二代 TTL 包括肖特基箝位系列(STTL)和低功耗肖特基系列(LSTTL)。LSTTL 是 TTL 器件的出现,是一个里程碑。

第三代 TTL 为采用等平面工艺制造的先进的 STTL(ASTTL)和先进的低功耗 STTL(ALSTTL)。

TTL 集电极开路门与三态输出门的应用实验需使用二输入端四与非门 74LS00,即在一块集成块内含有四个独立的与非门,每个与非门有两个输入端。74LS00 芯片逻辑框图如图 3-1 所示,74LS00 芯片符号图如图 3-2 所示。

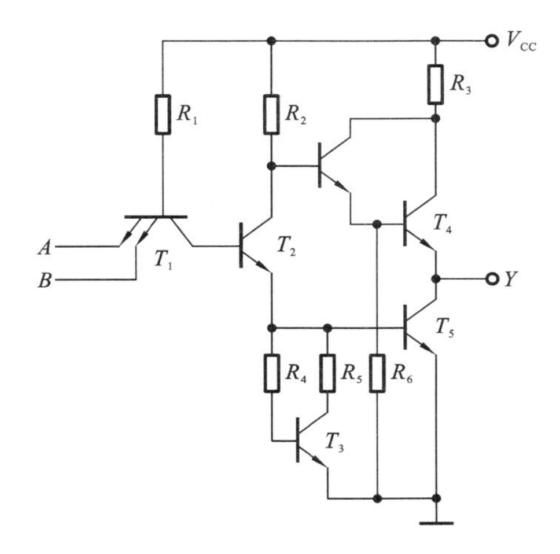

图 3-1 74LS00 芯片逻辑框图

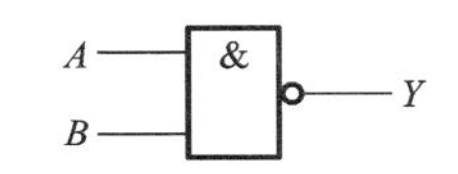

图 3-2 74LS00 芯片符号图

2. TTL 与非门的主要参数

(1) TTL 与非门的使用条件如表 3-1 所示。

表 3-1 TTL 与非门的使用条件

符　号	参数意义	最　小	最　适	最　大	单　位
V_{CC}	提供电压	4.75	5	5.25	V
V_{IH}	高输出电压	2	X	X	V
V_{IL}	低输出电压	X	X	0.8	mA
I_{CL}	高输出电流	X	X	－0.4	mA
I_A	低输出电流	X	X	8	mA
T_A	正常空气下运行温度	0	X	70	℃

(2) TTL 与非门的电气参数规范如表 3-2 所示。

表 3-2 TTL 与非门的电气参数规范

符　号	参数意义	状　态	最小	最适	最大	单位
V_I	输入钳位电压	V_{CC}＝min,I_I＝－18 mA	X	X	－1.5	V
V_{CH}	高输出电压	V_{CC}＝min,I_{CH}＝max, V_{IH}＝max	2.7	3.4	X	V

续表

符　号	参数意义	状　态	最小	最适	最大	单位
V_{CL}	低输出电压	$V_{CC}=\min, I_{CL}=\max, V_{IH}=\min$	X	0.35	0.5	V
		$I_{CL}=4$ mA, $V_{CC}=\min$	X	0.25	0.4	
I_1	输入电流	$V_{CC}=\max, V_1=7$ V	X	X	0.1	mA
I_{IH}	高输入电流	$V_{CC}=\max, V_1=2.7$ V	X	X	20	μA
I_{IL}	低输入电流	$V_{CC}=\max, V_1=0.4$ V	X	X	−0.36	mA
I_{OS}	高输出时短路	$V_{CC}=\max$,(Note 3)	−20	X	−100	mA
I_{CCH}	高输出时源电流	$V_{CC}=\max$	X	0.8	1.6	mA
I_{CCL}	低输出时源电流	$V_{CC}=\max$	X	2.4	4.4	mA

(3) TTL与非门的转换特性如表3-3所示。

表3-3　TTL与非门的转换特性

符　号	参数意义	$R_L=2$ kΩ				单　位
		$C_L=15$ pF		$C_L=50$ pF		
		最小	最大	最小	最大	
T_{PLH}	传播延迟时间,低到高输出	3	10	4	15	ns
T_{PLH}	传播延迟时间,高到低输出	3	10	4	15	ns

(4) 74LS00主要电气参数规范如表3-4所示。

表3-4　74LS00主要电气参数规范

参数名称和符号			规范值	单位	测试条件
直流参数	通导电源电流	I_{CCL}	<4	mA	$V_{CC}=5$ V,输入端悬空,输出端空载
	截止电源电流	I_{CCH}	<7	mA	$V_{CC}=5$ V,输入端接地,输出端空载
	低电平输入电流	I_{iL}	$\leqslant 1.4$	mA	$V_{CC}=5$ V,被测输入端接地,其他输入端悬空,输出端空载
	高电平输入电流	I_m	<50	μA	$V_{CC}=5$ V,被测输入端 $V_{Ih}=2.4$ V,其他输入端接地,输出端空载
			<1	mA	$V_{CC}=5$ V,被测输入端 $V_{Ih}=5$ V,其他输入端接地,输出端空载
	输出高电平	V_{OH}	$\geqslant 3.4$	V	$V_{CC}=5$ V,被测输入端 $V_{Ih}=0.8$ V,其他输入端悬空,$I_{OH}=400$ μA
	输出低电平	V_{OL}	<0.3	V	$V_{CC}=5$ V,被测输入端 $V_{Ih}=2.0$ V,$I_{OL}=12.8$ mA
	扇出系数	N_O	4～8	V	同 V_{OH} 和 V_{OL}
交流参数	平均传输时延	T_{pd}	$\leqslant 20$	ns	$V_{CC}=5$ V,被测输入端输入信号,$V_{Ih}=3.0$ V,$f=2$ MHz

3. TTL 集电极开路门

1) TTL 集电极开路门与三态输出门的基本工作原理。

把 TTL 电路的推拉输出级改为三极管集电极开路输出，即为集电极开路门电路。集电极开路门电路如图 3-3 所示。

OC 门逻辑符号如图 3-4 所示，其主要的运用有以下三个方面。

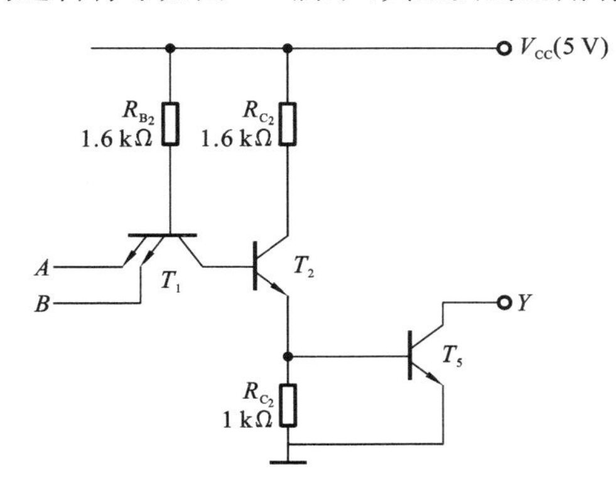

图 3-3 集电极开路门电路

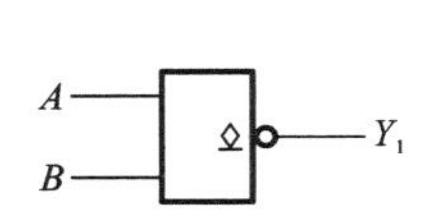

图 3-4 OC 门逻辑符号

(1) 利用电路的“线与”方面的特性，方便实现“与”的逻辑功能。

(2) 实现总线传输，使两路以上的信息共用一个传输通道(总线)。

(3) 实现逻辑电平的转换，以推动荧光数码管、继电器、MOS 器件等多种数字集成电路。例如，利用 OC 门电路实现线与逻辑，OC 门电路实现线与的电路图如图 3-5 所示，OC 门电路实现线与的逻辑图如图 3-6 所示。

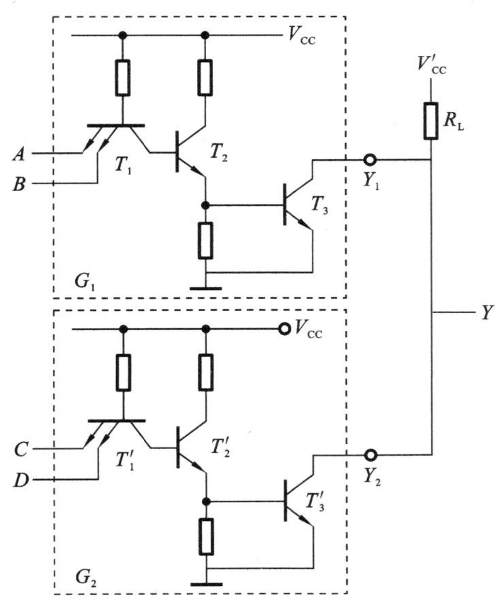

图 3-5 OC 门电路实现线与的电路图

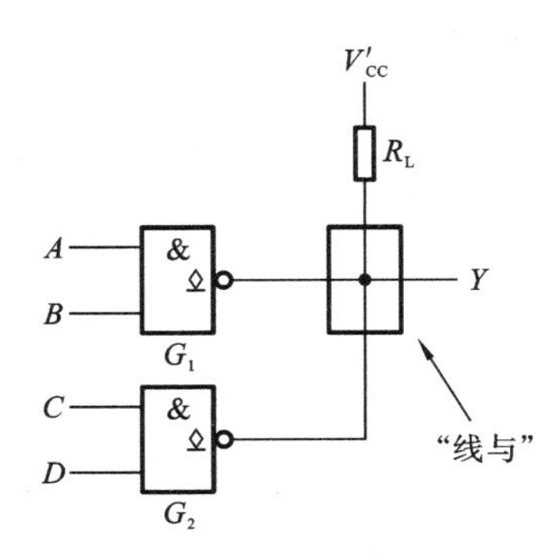

图 3-6 OC 门电路实现线与的逻辑图

因为 Y_1、Y_2 有一个为低电平，Y 即为低电平，只有两者同为高电平，Y 才为高电平，即

$$Y = Y_1 Y_2 = \overline{AB} \cdot \overline{CD} = \overline{AB + CD}$$

2) 上拉电阻 R_L 的选择

在极限情况下，上拉电阻 R_P 具有限制电流的作用。以保证 I_{OL} 不超过额定值

$I_{OL(max)}$，故必须合理选用 R_P 的值。另一方面，R_P 的大小影响 OC 门开关的速度，R_P 的值越大，开关速度越慢，故在满足要求的前提下，R_P 越小越好。计算公式如下：

$$R_{Lmin}=\frac{V_{CC}-V_{OLmin}}{I_{OL}-I_{IL(total)}},\quad R_{Lmax}=\frac{V_{CC}-V_{OHmin}}{V_{IH(total)}}$$

3）芯片介绍

74LS03 是 OC 与非门型号，为二输入端四与非门，74LS03 引脚排列如图 3-7 所示。OC 与非门的输出引脚悬空。工作时，输出端必须通过一个外接电阻 R 与电源 V 连接，才能保证输出电平符合电路要求。

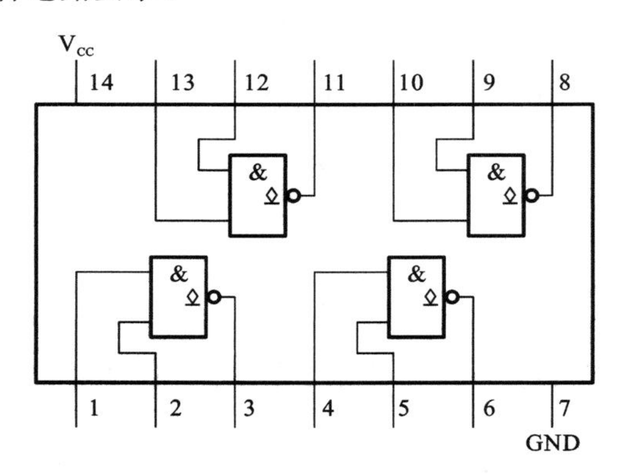

图 3-7 74LS03 引脚排列

4. 三态门

1）三态门的工作原理

三态门是一种扩展逻辑功能的逻辑门，也是一种控制开关，它主要用于总线的连接。通常在总线上接有多个器件，只允许同时有一个使用者，每个器件通过信号选通，若器件没有选通，则它处于高阻态，相当于没有接在总线上，不影响其他器件的工作。

三态门输出可能是高电平（逻辑 1）或低电平（逻辑 0）或为高阻态。处于高阻态时，输出电阻很大，相当于开路。高阻态的意义在于实际电路中不可能断开电路。三态门电路的输出逻辑状态控制是通过一个输入引脚实现的。三态门内部原理图如图 3-8 所示。三态门逻辑符号如图 3-9 所示。

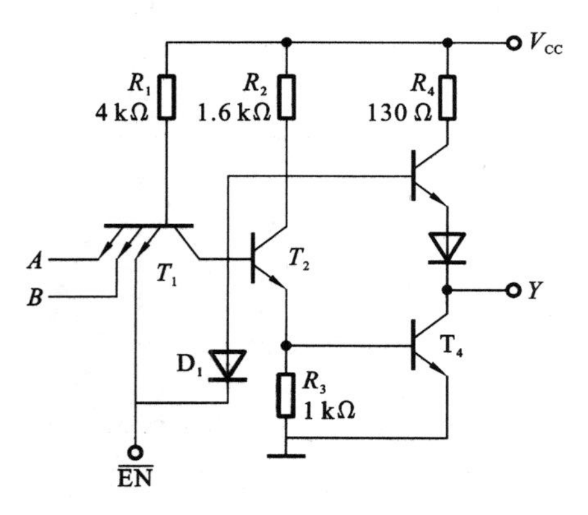

图 3-8 三态门内部原理图

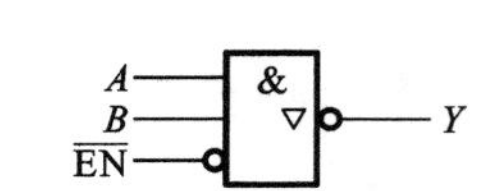

图 3-9 三态门逻辑符号

三态门的工作原理如下。

（1）当 $\overline{EN}=0$ 时，二极管 D_1 导通，T_1 基级和 T_2 均被钳制在低电平，因而 T_1、T_2 均

截止，输出端开路，电路处于高阻态。

（2）当$\overline{EN}=1$时，二极管D_1截止，TS门的输出状态完全取决于输入信号A、B的状态，电路输出与输入的逻辑关系和一般与非门的相同。

2）三态门的应用

例1 两个三态门可实现线或。三态门实现线或的逻辑符号图如图3-10所示。

（1）当EN=0时，TS_1处于高阻态，TS_2为正常的与非门，$Y=Y_2=\overline{CD}$。

（2）当EN=1时，TS_2处于高阻态，TS_1为正常的与非门，$Y=Y_1=\overline{AB}$。

故其输出与输入关系可表示为：$Y=\bar{E}\cdot\overline{CD}+E\cdot\overline{AB}$。

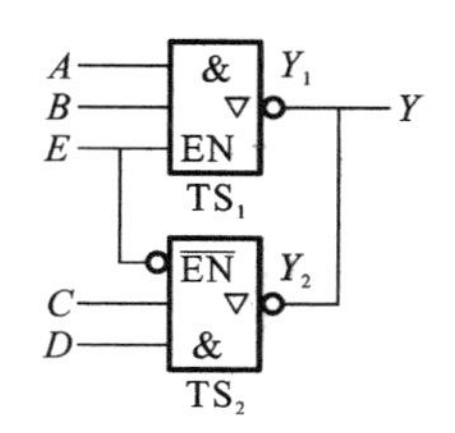

图3-10 三态门实现线或的逻辑符号图

例2 三态门可和非门共同实现数据传输控制功能。

图3-11(a)为多路开关控制电路的符号图，通过控制端$\bar{E}$决定Y输出为A的状态还是B的状态。图3-11(b)为双向传输控制电路的符号图，通过控制端$\bar{E}$决定是由A传输到B还是由B传输到A。

单向总线控制电路如图3-12所示，同一时刻，$\overline{E_1}$，$\overline{E_2}$，…，$\overline{E_n}$中只能有一个为低电平且取得总线的控制权，其余的三态门都处于高阻态。

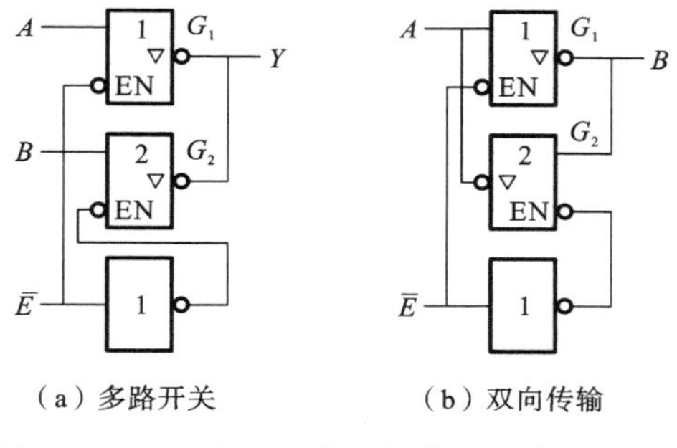

图3-11 三态门实现数据传输控制功能符号图

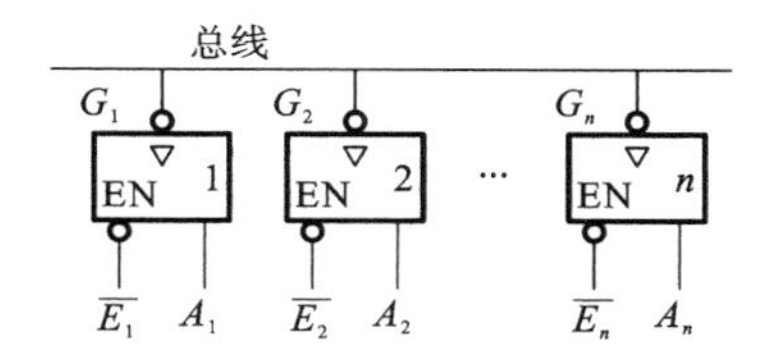

图3-12 单向总线控制电路

3）芯片介绍

74LS135是三态输出的总四线缓冲器，图3-13是74LS135的逻辑符号图。

74LS135引脚图如图3-14所示。

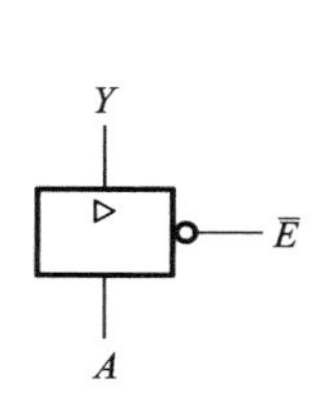

图3-13 74LS135的逻辑符号图

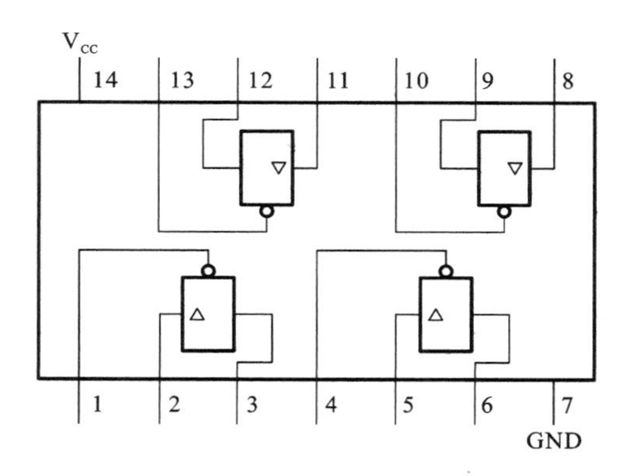

图3-14 74LS135引脚图

74LS135的功能如表3-5所示。

表 3-5　74LS135 的功能

输　　入		输　　出
$\overline{E}$	A	Y
0	0	0
	1	1
1	0	高阻态
	1	

74LS135 有一个控制端(又称禁止端或使能端),$\overline{E}=0$ 为正常工作状态,实现 $Y=A$ 的逻辑功能;$\overline{E}=1$ 为禁止状态,输出 Y 呈现高阻态。这种在控制端加低电平时电路才能正常工作的工作方式称为电平使能。

3.1.5　实验内容

(1) OC 门实现线与,按图 3-5 接线。若取 $V_{CC}=5$ V,$R=1$ kΩ,请测试 Y 与 A、B、C、D 的逻辑关系,将实验数据记录到表 3-6 中。

表 3-6　实验结果记录表

A	0	0	0	0	0	0	0	0	1	1	1	1	1	1	1	1
B	0	0	0	0	1	1	1	1	0	0	0	0	1	1	1	1
C	0	0	1	1	0	0	1	1	0	0	1	1	0	0	1	1
D	0	1	0	1	0	1	0	1	0	1	0	1	0	1	0	1
Y																

(2) 使用集电极开路门电路,通过线与的方法,设计逻辑电路实现 $L=\overline{A+BC}$ 功能,要求选择合适的上拉电阻 R_L,设计完毕后测试电路的逻辑功能,将测得的数据 L 填入表 3-7 中。

表 3-7　实验结果记录表

A	0	0	0	0	1	1	1	1
B	0	0	1	1	0	0	1	1
C	0	1	0	1	0	1	0	1
L								

(3) 用集电极开路门设计一个电路来驱动一只发光二极管,注意要选择合适的上拉电阻来保证发光二极管正常工作。

(4) 三态门实现线或,按图 3-10 接线,请分别在 $E=0$ 和 $E=1$ 的情况下测试 Y 与 A、B、C、D 的逻辑关系,测得所需数据 Y,完成 $E=0$ 测试结果记录表(见表 3-8)和 $E=1$ 测试结果记录表(见表 3-9)。

(5) 使用三态门实现多路开关功能,按图 3-11(a)接线,A 端输入 1 kHz 的脉冲,用示波器观察在 $\overline{E}=0$ 和 $\overline{E}=1$ 时的输出波形。

表 3-8 $E=0$ 测试结果记录表

A	0	0	0	0	0	0	0	0	1	1	1	1	1	1	1	1
B	0	0	0	0	1	1	1	1	0	0	0	0	1	1	1	1
C	0	0	1	1	0	0	1	1	0	0	1	1	0	0	1	1
D	0	1	0	1	0	1	0	1	0	1	0	1	0	1	0	1
Y																

表 3-9 $E=1$ 测试结果记录表

A	0	0	0	0	0	0	0	0	1	1	1	1	1	1	1	1
B	0	0	0	0	1	1	1	1	0	0	0	0	1	1	1	1
C	0	0	1	1	0	0	1	1	0	0	1	1	0	0	1	1
D	0	1	0	1	0	1	0	1	0	1	0	1	0	1	0	1
Y																

（6）设计一个单向总线传输电路。已知有四路输入，要求合理控制四个控制端的状态，保证数据在总线上顺利传输，自拟表格记录实验结果。

3.1.6 实验思考

（1）集电极开路门与三态门的输出可以并联吗？如果可以，需要哪些条件？

（2）集电极开路门中的上拉电阻有什么作用？

（3）三态门在数据总线传输中有哪些应用？

3.2 TTL 门电路的逻辑功能与参数的测试

本节属于 TTL 门电路的逻辑功能与参数的测试基础实验，初步了解基础门电路功能，并用信号发生器和双踪示波器测试 TTL 门电路的传输特性、负载特性等，用电表测试门电路的功耗，测试门电路芯片的输入/输出电平和输入/输出电流，掌握门电路的一般测试方法。

3.2.1 实验目的

（1）熟练掌握 TTL 集成与非门的主要参数测试方法。

（2）了解 74LS00、74LS04 的逻辑功能及外部引脚排列。

（3）熟悉 TTL 器件的实际使用规则。

（4）熟悉双踪示波器的常规用法。

3.2.2 实验设备及器材

（1）74LS00，四二输入与非门，1 片。

（2）74LS02，四三输入或非门，1 片。

（3）74LS10，三三输入与非门，1 片。

（4）数字万用表，1 台。

（5）数字电路实验箱，1 台。

（6）双踪示波器，1 台。

（7）200 Ω 电阻、10 kΩ 电位器，若干。

3.2.3 实验预习要求

（1）复习双踪示波器的基本使用。

（2）通过查找相关资料，了解 74LS00、74LS04 的逻辑功能及外部引脚排列。

（3）通过查找相关资料，掌握 TTL 器件在实际中的应用规则。

（4）通过查找相关资料，掌握 TTL 集成与非门电路的主要参数测试方法。

3.2.4 实验原理

1. 74LS00、74LS02 和 74LS10 芯片简介

1）74LS00 简介

74LS00 是二输入端与非门，当输入端有任何一端输入为 0（低电平）时，输出端输出为 1（高电平）；只有当输入端输入全为 1（高电平）时，输出端输出才为 0（低电平）。74LS00 输入与输出关系式为 $Y=\overline{A \cdot B}$。74LS00 引脚图如图 3-15 所示。

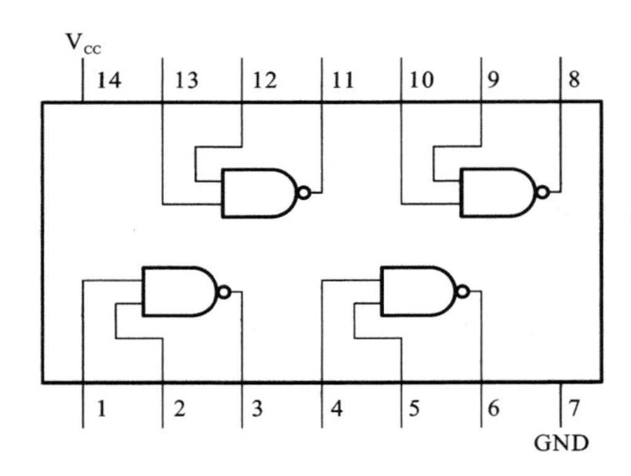

图 3-15　74LS00 引脚图

74LS00 真值表如表 3-10 所示。

表 3-10　74LS00 真值表

输入		输出
A	B	Y
0	0	1
0	1	1
1	0	1
1	1	0

74LS00 主要参数规范表如表 3-11 所示。

表 3-11 74LS00 主要参数规范表

参数名称和符号			规范值	单位	测 试 条 件
直流参数	通导电源电流	I_{CCL}	<4	mA	$V_{CC}=5$ V，输入端悬空，输出端空载
	截止电源电流	I_{CCH}	<7	mA	$V_{CC}=5$ V，输入端接地，输出端空载
	低电平输入电流	I_{iL}	≤1.4	mA	$V_{CC}=5$ V，被测输入端接地，其他输入端悬空，输出端空载
	高电平输入电流	I_{m}	<50	μA	$V_{CC}=5$ V，被测输入端 $V_{Ih}=2.4$ V，其他输入端接地，输出端空载
			<1	mA	$V_{CC}=5$ V，被测输入端 $V_{Ih}=5$ V，其他输入端接地，输出端空载
	输出高电平	V_{OH}	≥3.4	V	$V_{CC}=5$ V，被测输入端 $V_{Ih}=0.8$ V，其他输入端悬空，$I_{OH}=400$ μA
	输出低电平	V_{OL}	<0.3	V	$V_{CC}=5$ V，被测输入端 $V_{Ih}=2.0$ V，$I_{OL}=12.8$ mA
	扇出系数	N_{O}	4～8	V	同 V_{OH} 和 V_{OL}
交流参数	平均传输时延	T_{pd}	≤20	ns	$V_{CC}=5$ V，被测输入端输入信号，$V_{Ih}=3.0$ V，$f=2$ MHz

2）74LS02 简介

74LS02 是二输入端四或非门，作用是两个输入的或运算，运算后反相输出。输入与输出关系式为 $Y=\overline{A+B}$。74LS02 引脚图如图 3-16 所示。

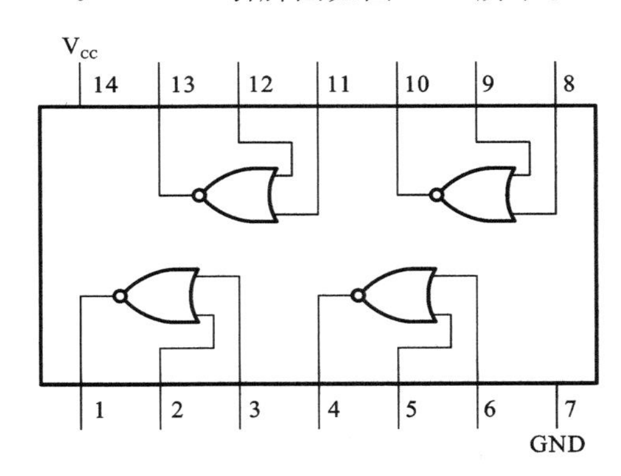

图 3-16 74LS02 引脚图

74LS02 真值表如表 3-12 所示。

表 3-12 74LS02 真值表

输入		输出
A	B	Y
0	0	1
1	X	0
X	1	0

3）74LS10 简介

74LS10 是三输入端三与非门，作用是三个输入的或运算，运算后反相输出。输入与输出关系式为 $Y=\overline{A\cdot B\cdot C}$。74LS10 引脚图如图 3-16 所示。

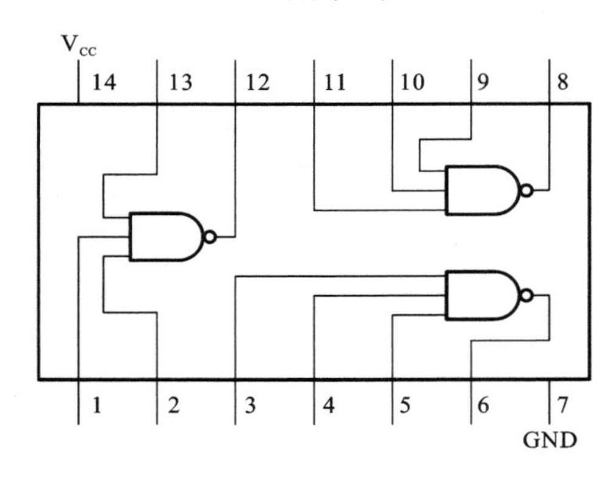

图 3-17　74LS10 引脚图

74LS10 真值表如表 3-13 所示。

表 3-13　74LS10 真值表

输　入			输　出
A	B	C	Y
X	X	0	1
X	0	X	1
0	X	X	1
1	1	1	0

2. TTL 与非门的主要参数

1）输入低电平电流 I_{IL} 与输入高电平电流 I_{IH}

输入低电平电流 I_{IL} 是指当被测输入端接低电平、其余输入端悬空、输出端空载时被测输入端流出的电流值。在多级门路中，I_{IL} 相当于前级门输出低电平时后级向前级门灌入的电流，因此它关系到前级门的灌电流的负载能力，即直接影响前级门电路带负载的个数，因此 I_{IL} 应尽可能小一些。I_{IL} 测试电路如图 3-18 所示。

输入高电平电流 I_{IH} 是指当被测输入端接高电平、其他输入端接地、输出端空载时流入被测输入端的电流值。在多级门路中，它相当于前级门输出高电平时，前级门的拉电流负载，其大小关系到前级门的拉电流负载能力，因此 I_{IH} 应尽可能小一些。通常 I_{IH} 值很小，几乎为 0。I_{IH} 测试电路如图 3-19 所示。

2）扇出系数 N_O 的测试

扇出系数 N_O 是指门电路能驱动同类门的个数，它是衡量门电路带负载能力的一个参数，TTL 与非门有两个不同性质的负载，即灌电流负载和拉电流负载，因此有两种扇出系数，即低电平扇出系数 N_{OL} 和高电平扇出系数 N_{OH}。通常 $I_{IH}<I_{IL}$，$N_{OH}>N_{OL}$，所以 N_{OL} 作为门电路的扇出系数。TTL 与非门扇出系数测试电路如图 3-20 所示。

门电路的输入端全部悬空，输出端灌电流接负载 R_L，调节 R_L 使 I_{OL} 增大，V_{OL} 随之增高，当 V_{OL} 达到 V_{OLm}（手册中规定低电平规范值），此时的 I_{OL} 就是允许灌入的最大负载电流，则 $N_{OL}=I_{OL}/I_{IL}$，通常 $N_{OL}\geqslant 8$。

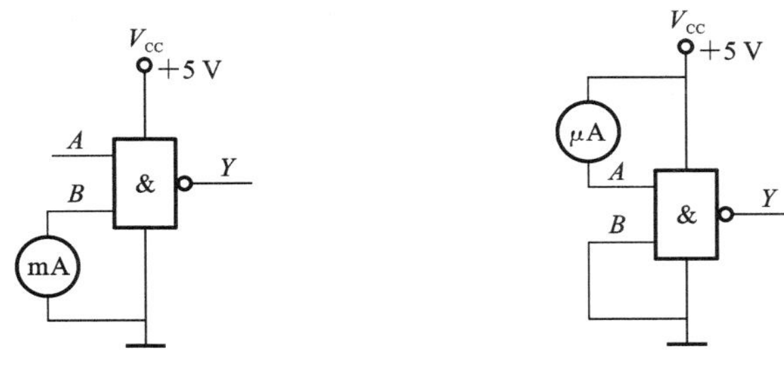

图 3-18　I_{IL} 测试电路　　　图 3-19　I_{IH} 测试电路

3）电压传输特性

门电路的输出电压 V_O 随输入电压 V_I 变化而变化的曲线 $V_O=f(V_I)$ 称为门电路的电压传输特性曲线，通过它可读得门电路的一些重要参数，如输出高电平 V_{OH}、输出低电平 V_{OL}、关门电平 V_{OFF}、开门电平 V_{ON}、阈值电平 V_T，以及抗干扰容限 V_{NL}、V_{NH} 等值。TTL 与非门输入电压传输特性测试电路如图 3-21 所示，采用逐点测试法，即调节 R_W，逐点测得 V_I 及 V_O，然后绘成曲线。

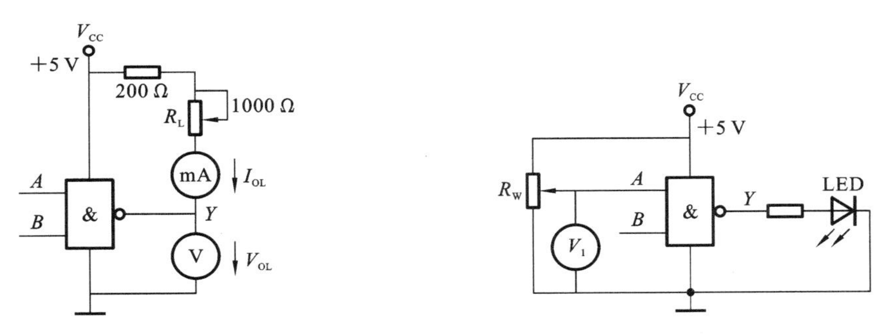

图 3-20　TTL 与非门扇出系数测试电路　　图 3-21　TTL 与非门输入电压传输特性测试电路

4）输入端负载特性

TTL 与非门电路的输入电压随输入端与地之间的电阻值变化而变化的曲线称为输入端负载特性曲线。TTL 与非门输入端负载特性测试电路如图 3-22 所示。

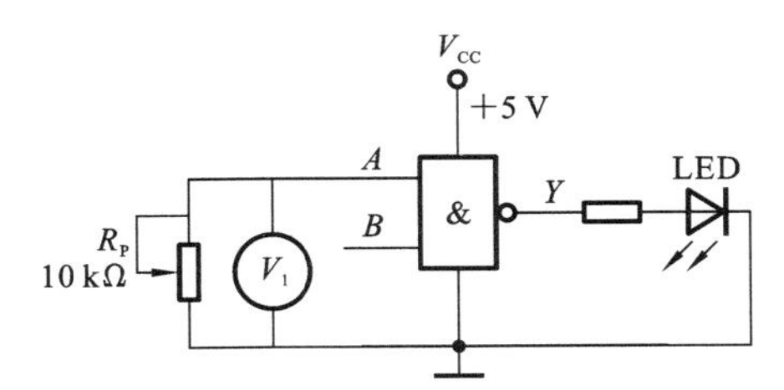

图 3-22　TTL 与非门输入端负载特性测试电路

5）平均传输延迟时间 t_{pd}

t_{pd} 是衡量门电路开关速度的参数，它是指输出波形边沿 0.5 V_m 点至输入波形对应边沿 0.5 V_m 点的时间间隔，门电路开关的传输延迟特性如图 3-23 所示。

图 3-23 中 t_{pdL} 为导通延迟时间，t_{pdH} 为截止延迟时间，平均传输延迟时间为 $t_{pd}=$

0.5($t_{pdL}+t_{pdH}$)，TTL 电路的 t_{pd} 一般为 6～40 ns。

如果对单个 TTL 门电路的延迟进行测量，则由于时间间隔太短，不仅对示波器等设备要求比较高，而且测出的数据产生误差的概率比较大。因此本实验采用三个非门组成的环形振荡器进行实验，通过求出总周期 T，再除去周期信号通过非门的数量，得单个 TTL 门电路的延迟 t_{pd}。t_{pd} 的测试电路如图 3-24 所示。

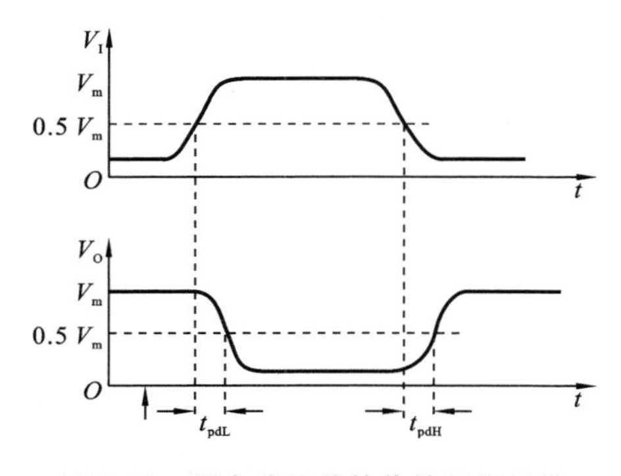

图 3-23 门电路开关的传输延迟特性

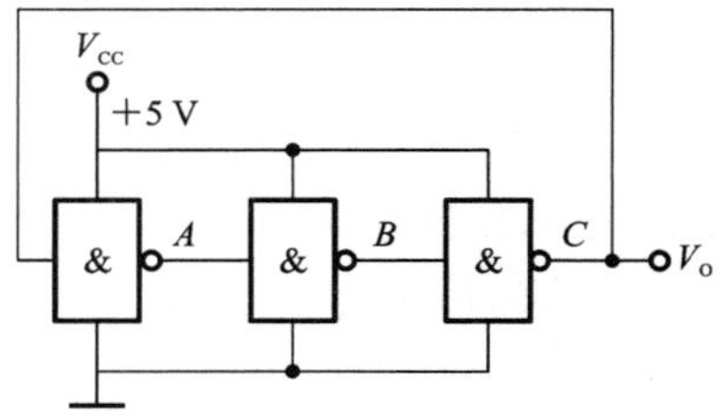

图 3-24 t_{pd} 的测试电路

工作原理：假设电路在接通电源后某一瞬间，电路中的 A 点为逻辑“1”，经过三级门的延迟后，A 点由原来的逻辑“1”变为逻辑“0”，再经过三级门的延迟后，A 点电平又重新回到逻辑“1”，电路中其他各点电平也跟随变化。这说明使一个点发生一个周期的振荡，必须经过 6 级门的延迟时间，因此平均传输延迟时间为 $t_{pd}=T/6$。

3.2.5 实验内容

（1）画出 74LS00 与 74LS04 的逻辑功能表。

（2）按图 3-20 对 74LS00 进行接线并测试，将测试结果数据记入表 3-14 中。

表 3-14 TTL 与非门主要参数测试表

I_{IL}/mA	R_L/Ω	V_{OL}/V	$I_{OL}=\dfrac{V_{CC}-V_{OL}}{R_L+200}$ mA	$N_O=I_{OL}/I_{IL}$
0.105				

（3）测量电压传输特性。按图 3-21 对 74LS00 进行接线，采用逐点测试法，调节电位器 R_W，使 V_I 从 V_O 向高电平变化，逐点测量 V_I、V_O 的值，同时观察 LED 的状态，将结果记入表 3-15 中，并画出传输特性曲线。

表 3-15 TTL 与非门电压传输特性表

V_I/V	0								
V_O/V									
LED 状态									

（4）测量输入端的负载特性。按图 3-22 对 74LS00 进行接线，采用逐点测试法，调节电位器 R_P，使 V_I 从 0 V 向高电平变化，逐点测量 R_P 阻值和对应电压 V_I，记入表3-16 中，并画出输入端负载特性曲线。

表 3-16　TTL 与非门输入端负载特性测试

R_P/Ω	0								
V_I/V									
LED 状态									

5）扇出系数 N_O

按图 3-20 进行接线，测出 I_{OL}、N_{OL}，并填入表 3-17 中。

表 3-17　测试值表

I_{OL}/mA	N_{OL}

用坐标纸绘制出 TTL 与非门的传输特性曲线，读出并记录门电路的一些重要参数：输出高电平 V_{OH}、输出低电平 V_{OL}、关门电平 V_{OFF}、开门电平 V_{ON}，并计算出噪声容限 V_{NL}、V_{NH}，完成实验。

3.2.6　实验思考

平均传输延迟时间 t_{pd}，按图 3-24 对 74LS04 进行接线，用双踪示波器观察波形，求出 t_{pd}。

3.3　COMS 集成逻辑门参数测试

本节属于 COMS 集成逻辑门电路参数测试基础实验，初步了解 COMS 集成逻辑门功能，并用信号发生器和双踪示波器测试其传输特性、负载特性等，计算出门电路的噪声容限，测试门电路芯片的输入/输出电平和输入/输出电流，掌握门电路的一般测试方法。

3.3.1　实验目的

（1）学习 CMOS 集成电路主要参数的测试方法。

（2）掌握 CMOS 器件的使用方法。

3.3.2　实验设备及器材

（1）74HC00，二输入端四与非门，1 片。

（2）数字万用表，1 台。

（3）数字电路实验箱，1 台。

3.3.3　实验预习要求

（1）通过查找相关资料，了解 CMOS 逻辑门的工作原理。

（2）通过查找相关资料，了解 74HC00 的逻辑功能及外部引脚排列。

3.3.4　实验原理

1．CMOS 逻辑门简介

CMOS 是 complementary metal oxide semiconductor 的缩写，代表互补金属氧化物半导体。CMOS 集成电路诞生于 20 世纪 60 年代末，是在 TTL 电路问世之后，开发出的第二种广泛应用的数字集成器件。从发展趋势看，由于制造工艺的改进，CMOS电路的性能将超越 TTL 而成为占主导地位的逻辑器件。CMOS 电路的工作速度与 TTL 相差无几，但它的功耗和抗干扰能力远优于 TTL。此外，几乎所有的超大规模存储器件以及 PLD 器件都采用 CMOS 工艺制造。早期生产的 CMOS 门电路为 4000 系列，随后发展为 4000B 系列，当前与 TTL 兼容的 CMOS 器件(如 74HCT 系列等)可与 TTL 器件交换使用。

CMOS 集成电路主要有以下几个系列。

(1) 基本的 CMOS-4000 系列。

CMOS-4000 系列是早期的 CMOS 集成逻辑门产品，工作电源电压范围为 3～18 V，由于具有功耗低、噪声容限大、扇出系数大等优点，已得到普遍使用。但其缺点是工作速度较慢、平均传输延迟时间较长(为几十纳秒)、最高工作频率小于 5 MHz。

(2) 高速的 CMOS-HC(HCT)系列。

高速的 CMOS-HC(HCT)系列电路(器件)主要在制造工艺上做了改进，这大大加快了其工作速度，平均传输延迟时间短于 10 ns，最高工作频率可达 50 MHz。HC 系列的电源电压范围为 2～6 V。HCT 系列的主要特点是与 TTL 器件电压兼容，它的电源电压范围为 4.5～5.5 V，它的输入电压参数为 $V_{IH(min)}=2.0$ V、$V_{IL(max)}=0.8$ V，与 TTL 器件电压参数一致。另外，74HC/HCT 系列与 74LS 系列的产品，只要两种器件型号的最后 3 位数字相同，则它们的逻辑功能、外形尺寸、引脚排列顺序也完全相同，这样就为 CMOS 产品代替 TTL 产品提供了方便。

(3) 先进的 CMOS-AC(ACT)系列。

先进的 CMOS-AC(ACT)系列器件的工作频率得到了进一步的提高，同时保留了 CMOS 超低功耗的特点。其中 ACT 系列与 TTL 器件电压兼容，电源电压范围为 4.5～5.5 V。AC 系列的电源电压范围为 1.5～5.5 V。AC(ACT)系列的逻辑功能、引脚排列顺序等与同型号的 HC(HCT)系列完全相同。

2. CMOS 逻辑门电路的主要参数

(1) 输出高电平 V_{OH} 与输出低电平 V_{OL}。

CMOS 门电路 V_{OH} 的理论值为电源电压 V_{DD}，实际输出的高电平 $V_{OH(min)}=0.9V_{DD}$；V_{OL} 的理论值为 0 V，实际输出的低电平 $V_{OL(max)}=0.01V_{DD}$，所以 CMOS 门电路的逻辑摆幅(即高、低电平之差)较大，接近电源电压 V_{DD} 值。

(2) 阈值电压 V_{TH}。

从 CMOS 非门电压传输特性曲线中可以看出，输出高、低电平的过渡区很陡，阈值电压 V_{TH} 约为 $V_{DD}/2$。

(3) 噪声容限。

CMOS 非门的关门电平 V_{OFF} 为 $0.45V_{DD}$，开门电平 V_{ON} 为 $0.55V_{DD}$。因此，CMOS 非门高、低电平噪声容限均可达 $0.45V_{DD}$，其他 CMOS 门电路的噪声容限一般也大于 $0.3V_{DD}$，电源电压 V_{DD} 越大，其抗干扰能力越强。

(4) 传输延迟与功耗。

CMOS 电路的功耗很小，一般小于 1 mW/门，但其传输延迟较大，一般为几十纳秒每门，且与电源电压有关，电源电压越高，CMOS 电路的传输延迟越小，功耗越大。74HC 高速 CMOS 系列的工作速度已与 TTL 系列的相当。

(5) 扇出系数。

因 CMOS 电路有极高的输入阻抗，故 CMOS 电路的扇出系数很大，一般额定扇出系数可达 50。但必须指出的是，扇出系数是指驱动 CMOS 电路的个数，若就灌电流负载能力和拉电流负载能力而言，CMOS 电路的远远低于 TTL 电路的。

3. CMOS 逻辑门使用时注意事项

(1) CMOS 集成电路工作电压一般为 3～18 V，当系统中有门电路的模拟应用时，如用作脉冲振荡、线性放大，则最低工作电压应不低于 4.5 V。

(2) 为了增加 CMOS 电路的驱动能力，除了选用驱动能力较大的缓冲器外，还可以将同一芯片上的几个同类电路的输入端和输出端分别并接在一起来提高驱动能力，这时驱动能力将增大 N 倍(N 为并接门电路的数量)。

(3) CMOS 电路输入端不允许悬空，因为悬空的输入端输入电位不定，会破坏电路的正常逻辑关系，另外悬空时输入的阻抗高，易受外界噪声干扰，使电路误动作，而且也极易引起权栅极感应静电，造成击穿。与非门和与门的多余输入端应接高电平，而或门和或非门应接低电平。如果对电路的工作速度要求不高，功耗也不需要特别考虑，则可将多出来的输入端与使用端并用。

(4) 输入端接长线时可串接电阻，以尽可能地消除较大的分布电容和分布电感。

4. CMOS 与非门

(1) CMOS 与非门的电气参数如表 3-18 所示。

表 3-18 CMOS 与非门的电气参数

符　号	参　数		数　值	单　位
V_{DD}	电源电压		2～6	V
V_I	输入电压		0～V_{CC}	V
V_O	输出电压		0～V_{CC}	V
T_{OP}	操作温度		−55～125	℃
T_r，t_f	输入上升和下降时间	V_{CC}＝2.0 V	0～1000	ns
		V_{CC}＝4.5 V	0～500	ns
		V_{CC}＝6.0 V	0～400	ns

(2) CMOS 与非门的额定参数如表 3-19 所示。

表 3-19 CMOS 与非门的额定参数

符　号	参　数	数　值	单　位
V_{DD}	电源电压	−0.5～7	V
V_I	直流输入电压	−0.5～V_{CC}+0.5	V
V_O	直流输出电压	−0.5～V_{CC}+0.5	V
I_{IK}	直流输入二极管电流	±20	mA
I_{OK}	直流输出二极管电流	±20	mA
I_O	直流输出电流	±25	mA

续表

符　号	参　数	数　值	单　位
PD	功耗	500*	mW
T_{ST}	贮藏温度	−65～150	℃
T_L	焊接温度(10 s)	300	℃

(3) 74LS00 逻辑图如图 3-25 所示,74LS00 管脚图如图 3-26 所示。

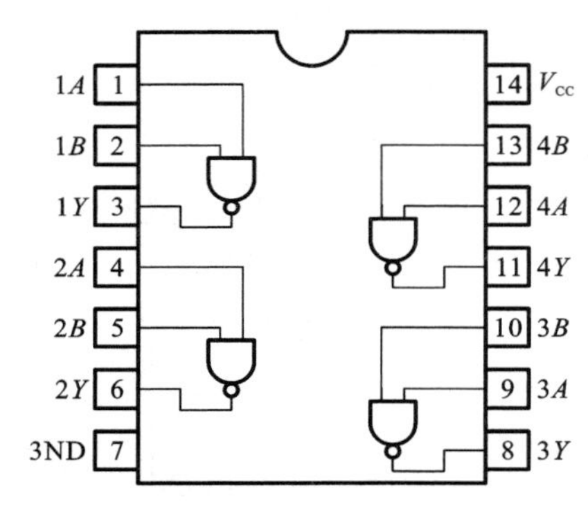

图 3-25　74LS00 逻辑图

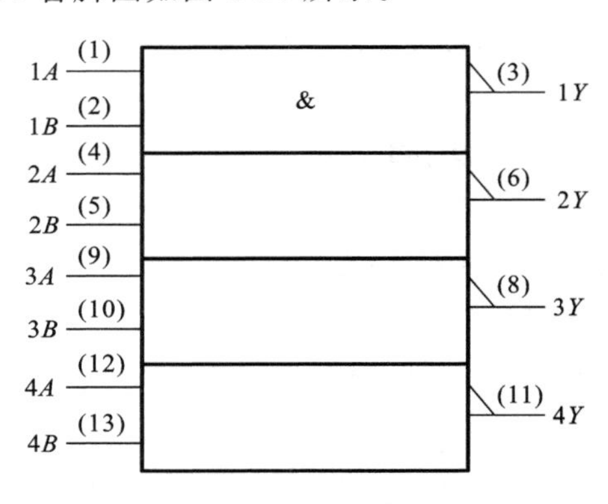

图 3-26　74LS00 管脚图

3.3.5　实验内容

1. 测量 CMOS 与非门的电压传输特性曲线,读出电压参数

CMOS 与非门的电压传输特性的测量采用逐点测试法,即调节 R_W,逐点测得 V_I 及 V_O,填入输入及输出电压记录表中,然后绘成曲线。所测量的曲线 $V_O=f(V_I)$ 称为逻辑门的电压传输特性曲线,CMOS 与非门电压测试电路图如图 3-27 所示。用数字万用表测试各电压数据,记录下来并填入表 3-20 中。

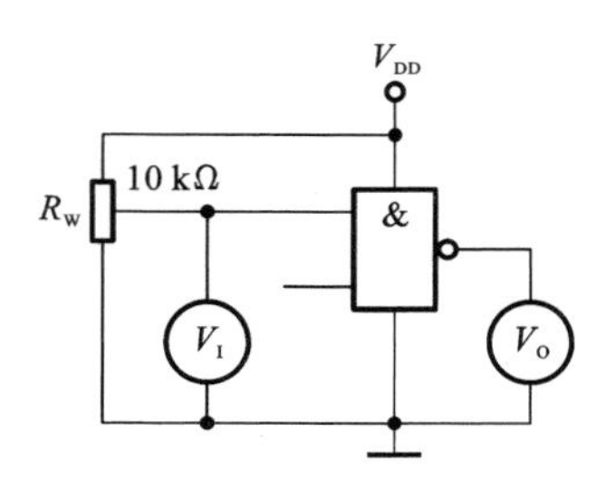

图 3-27　CMOS 与非门电压测试电路图

表 3-20　输入及输出电压记录表

V_I/V								
V_O/V								

2. 对 CMOS 与非门电流参数的测试

CMOS 与非门电流测试电路如图 3-28 所示。用数字万用表测试各电流数据,记录下来并填入表 3-21 中。

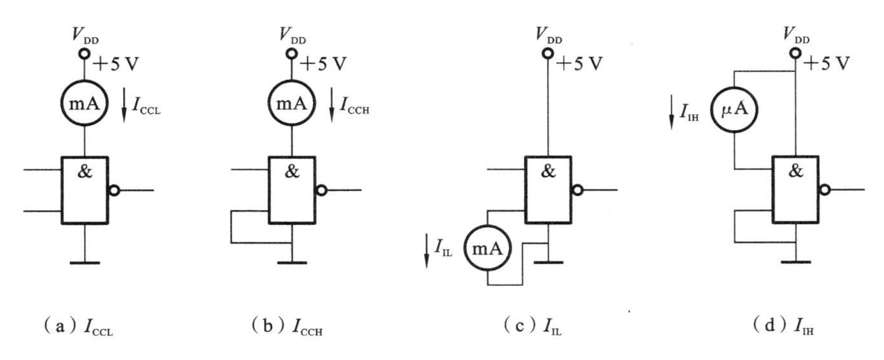

图 3-28 CMOS 与非门电流测试电路

表 3-21 电流测试结果记录表

I_{CCL}/mA	I_{CCH}/mA	I_{IL}/μA	I_{IH}/μA

用坐标纸绘制出 CMOS 与非门的传输特性曲线，通过它可读出并记录下门电路的一些重要参数：输出高电平 V_{OH}、输出低电平 V_{OL}、关门电平 V_{OFF}、开门电平 V_{ON}、阈值电平 V_{TH}，并计算出噪声容限 V_{NL}、V_{NH}，完成实验。

3.3.6 实验思考

(1) 对比 CMOS 逻辑门参数与 TTL 逻辑门参数，说出它们之间的差异。

(2) 查阅资料，简述 CMOS 逻辑门的发展现状。

3.4 小规模组合逻辑电路

本节属于小规模组合逻辑电路基础实验，初步介绍了 74LS02、74LS20、74LS32、74LS86 门电路功能和基本使用方法，并用这些门电路设计出一些能实现简单功能的逻辑电路图，并绘出功能表。

3.4.1 实验目的

(1) 学习小规模组合电路的设计方法。

(2) 学习逻辑门的使用与逻辑电路的调试。

(3) 学习使用卡诺图进行表达式化简。

3.4.2 实验设备及器材

(1) 74LS00，四二输入与非门，3 片。

(2) 74LS02，四二输入或非门，1 片。

(3) 74LS04，六反相器，1 片。

(4) 74LS10，三三输入与非门，2 片。

(5) 74LS20，二四输入端与非门，1 片。

(6) 74LS86，四二输入异或门，2 片。

(7) 数字万用表,1 台。

(8) 数字电路实验箱,1 台。

3.4.3 实验预习要求

(1) 预习集成逻辑门的逻辑功能。

(2) 根据实验任务要求设计组合逻辑电路,并根据所给的器件绘出逻辑图。

3.4.4 实验原理

1. 74LS02、74LS20、74LS32、74LS86 **芯片简介**

1) 74LS02 芯片简介

74LS02 是四组二输入端四或非门,电源电压为 5 V。输入与输出关系式为 $Y=\overline{A+B}$,74LS02 芯片引脚图如图 3-29 所示。

74LS02 芯片的逻辑功能如表 3-22 所示。

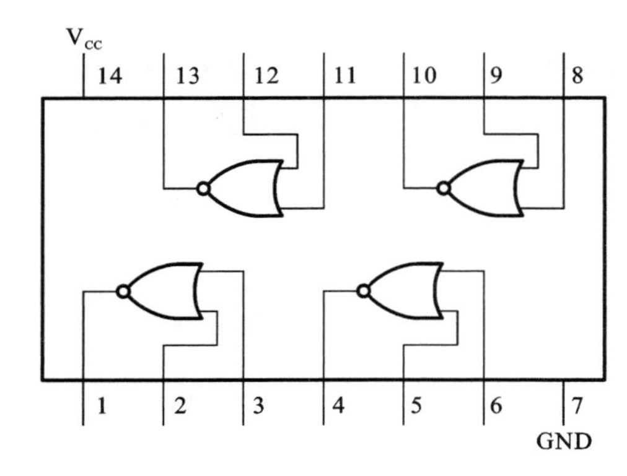

图 3-29 74LS02 **芯片引脚图**

表 3-22 74LS02 **芯片的逻辑功能**

输入		输出
A	B	Y
1	1	0
0	X	1
X	0	1

2) 74LS20 芯片简介

74LS20 是常用的二四输入端与非门集成电路。输入与输出关系式为 $Y=\overline{ABCD}$,74LS20 芯片引脚图如图 3-30 所示。

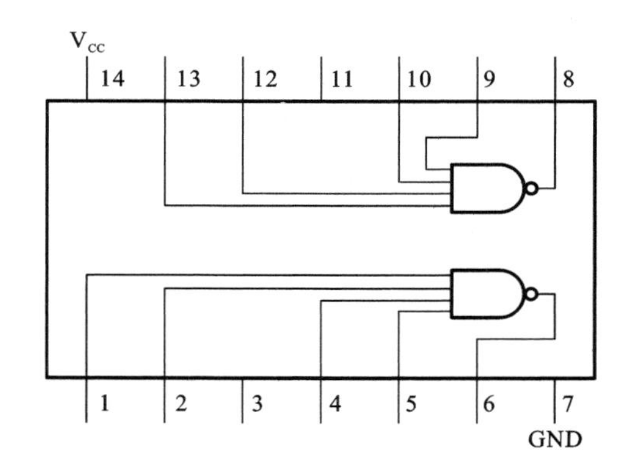

图 3-30 74LS20 **芯片引脚图**

74LS20 芯片的逻辑功能如表 3-23 所示。

表 3-23 74LS20 芯片的逻辑功能

输　　入				输　　出
A	*B*	*C*	*D*	*Y*
X	*X*	*X*	0	1
X	*X*	0	*X*	1
X	0	*X*	*X*	1
0	*X*	*X*	*X*	1
1	1	1	1	0

3）74LS32 芯片简介

74LS32 是常用的四路独立的四输入端二或门。输入与输出关系式为 $Y=A+B$，74LS32 芯片引脚图如图 3-31 所示。

74LS32 芯片逻辑功能如表 3-24 所示。

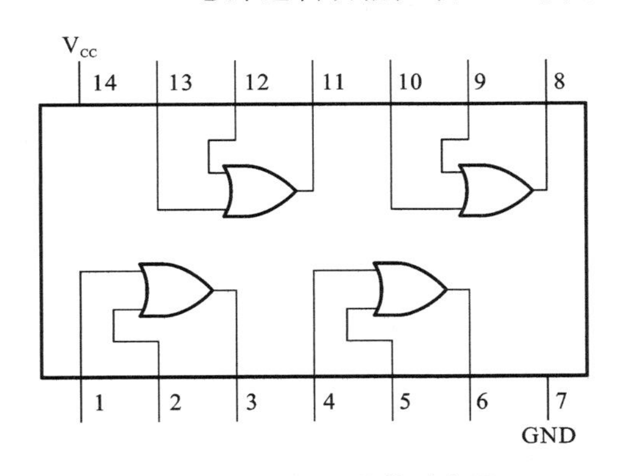

图 3-31 74LS32 芯片引脚图

表 3-24 74LS32 芯片逻辑功能

输　　入		输　　出
A	*B*	*Y*
0	0	0
0	1	1
1	0	1
1	1	1

4）74LS86 芯片简介

74LS86 是常用的二输入端四或非门。输入与输出关系式为 $Y=A\oplus B$，74LS86 芯片引脚图如图 3-32 所示。

74LS86 芯片逻辑功能如表 3-25 所示。

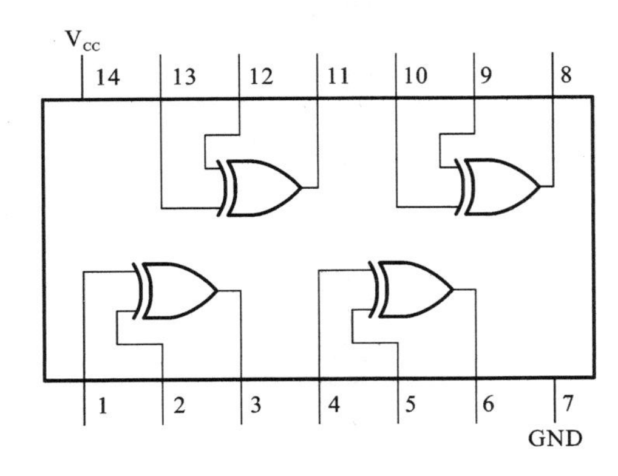

图 3-32 74LS86 芯片引脚图

表 3-25 74LS86 芯片逻辑功能

输　　入		输　　出
A	*B*	*Y*
0	0	0
0	1	1
1	0	1
1	1	0

2. 小规模组合逻辑电路的设计方法

(1) 根据实际问题明确变量,确定输入/输出变量,并定义相关的逻辑状态含义。

(2) 根据输入/输出变量的逻辑关系,列出真值表。

(3) 根据所列小规模组合逻辑电路真值表写出逻辑表达式,并使用公式法或卡诺图法对逻辑表达式进行简化,根据实际需求变换逻辑表达式。

(4) 绘制小规模组合逻辑电路的逻辑电路图。

(5) 根据逻辑电路图完成电路的安装、调试,排除实验故障后记录并分析实验结果。

3. 设计举例

一个温度探测器,当探测的温度超过 60 ℃时,输出控制信号 1;当探测的温度低于 60 ℃时,输出控制信号 0。当两个或两个以上的温度探测器输出 1 信号时,总控制器输出 1 信号,自动控制调控设备,使温度降低到 60 ℃ 以下。试设计总控制电路,设计过程如下。

(1) 令 A、B、C 分别代表三个温度探测器总控制器的输入,以 1 表示高电平,0 表示低电平;令 F 为温度探测器总控制器电路的输出,以 1 表示高电平,0 表示低电平,可列真值表,温度探测实验设计真值表如表 3-26 所示。

表 3-26 温度探测实验设计真值表

A	B	C	F
0	0	0	0
0	0	1	0
0	1	0	0
0	1	1	1
1	0	0	0
1	0	1	1
1	1	0	1
1	1	1	1

(2) 由表 3-26 所示真值表写出函数表达式:$F=\overline{A}BC+A\overline{B}C+AB\overline{C}+ABC$。

(3) 利用卡诺图(见图 3-33)化简,得到最简与或式:$F=AB+AC+BC$。

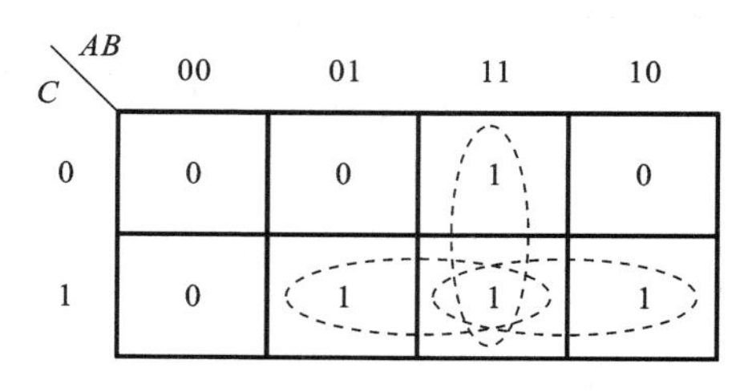

图 3-33 实验设计卡诺图

(4) 对表达式进行变换:

$$F=\overline{\overline{AB+AC+BC}}=\overline{\overline{AB}\cdot\overline{AC}\cdot\overline{BC}}$$

$$=\overline{\overline{(A+B)\cdot(A+C)\cdot(B+C)}}$$

$$=\overline{\overline{A+B}+\overline{A+C}+\overline{B+C}}$$

$$=\overline{\bar{A}\bar{B}+\bar{A}\bar{C}+\bar{B}\bar{C}}$$

（5）设计逻辑图。

在设计中，对表达式进行变换，可根据设计要求和所用器件进行变换，如有的设计要求以反变量形式输入或以反变量形式输出，或对所设计的线路级数有要求，都可以做相应变换，以符合设计要求。本例给出的与非门逻辑图如图 3-34(a)所示；或非门逻辑图如图 3-34(b)所示，与或门逻辑图如图 3-34(c)所示。

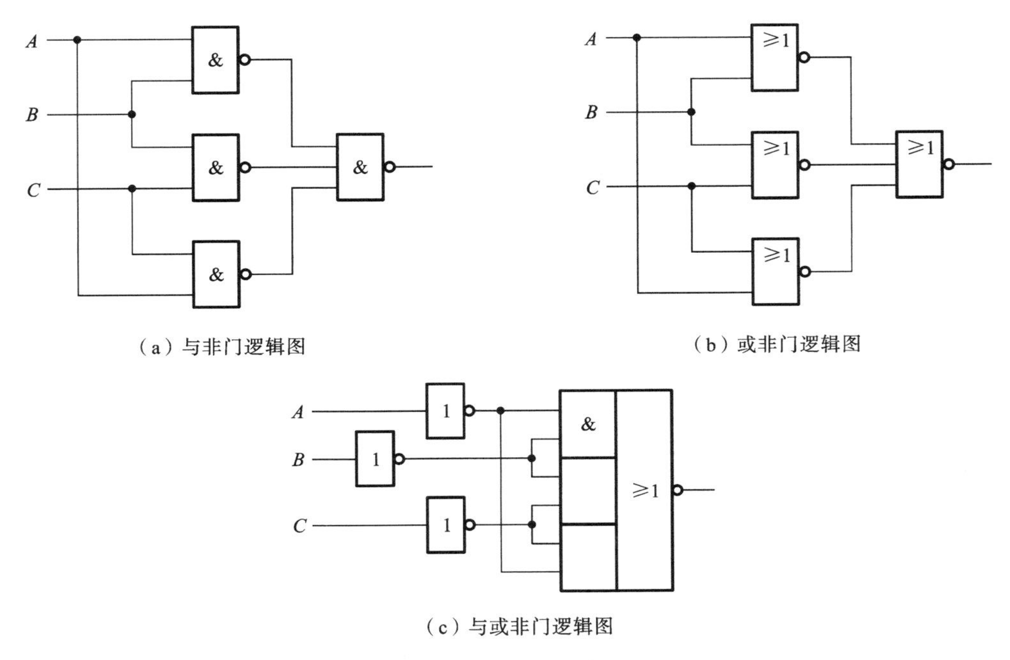

（a）与非门逻辑图

（b）或非门逻辑图

（c）与或非门逻辑图

图 3-34 表达式逻辑图

3.4.5 实验内容

（1）仿照上述方法用与非门设计一个三人表决器，输入变量为 A、B、C。1 表示同意，0 表示反对，输出为 F。A 具有否决权，设计电路并完成电路的安装，测试逻辑电路的功能，将输出状态填入表 3-27 中。

表 3-27 三人表决器功能表

A	0	0	0	0	1	1	1	1
B	0	0	1	1	0	0	1	1
C	0	1	0	1	0	1	0	1
输出状态								

（2）要求用可能小的组合电路规模设计一个对两位无符号的二进制数 A 与 B 的数值进行比较的电路。二进制数 A 用 A_0、A_1 表示，B 用 B_0、B_1 表示。完成电路的安装，测试逻辑电路的各参数值，将不同条件下的各比较结果填入表 3-28 中。

表 3-28 数值比较电路功能表

A	A_1	0	0	0	0	0	0	0	0	1	1	1	1	1	1	1	1
	A_0	0	0	0	0	1	1	1	1	0	0	0	0	1	1	1	1
B	B_1	0	0	1	1	0	0	1	1	0	0	1	1	0	0	1	1
	B_0	0	1	0	1	0	1	0	1	0	1	0	1	0	1	0	1
$F_{A>B}$																	
$F_{A=B}$																	
$F_{A<B}$																	

3.4.6 实验思考

(1) 试分析无关项在逻辑电路中的作用。

(2) 小规模组合逻辑电路的设计可以采取哪些措施使得电路设计最简?

(3) 尝试用 74LS00 与 74LS10 设计功能表达式为 $F=\overline{A}BC+A\overline{B}C+AB\overline{C}+ABC$ 的最简逻辑电路图。

3.5 中规模组合逻辑电路

本节属于中规模组合逻辑电路基础实验,初步了解编码器、译码器与数据选择器等小规模组合逻辑门功能,并用信号发生器测试组合电路的功能,通过双踪示波器观察组合电路的电平变化,了解输出与输入之间的关系。

3.5.1 实验目的

(1) 学习编码器、译码器与数据选择器的使用方法以及设计方法。

(2) 了解 74LS138、74LS148、74LS151 的逻辑功能及外部引脚排列。

(3) 熟悉 74LS138、74LS148、74LS151 器件的实际使用规则。

(4) 熟悉双踪示波器的常规用法。

3.5.2 实验设备及器材

(1) 74LS138,三线八线译码器, 2 片。

(2) 74LS148,八线三线编码器, 2 片。

(3) 74LS151,八选 1 数据选择器,2 片。

(4) CD4511,1 片。

(5) 七段共阴数码管,1 片。

(6) 其他小规模逻辑门,若干。

(7) 数字万用表,1 台。

(8) 数字电路实验箱,1 台。

(9) 双踪示波器,1 台。

3.5.3 实验预习要求

(1) 预习编码器、译码器与数据选择器的逻辑功能。

(2) 通过查找相关资料,了解编码器、译码器与数据选择器的实际引用条件。

(3) 根据实验的要求设计数字逻辑电路,结合所给器材画出电路图,并进行模拟仿真。

3.5.4 实验原理

中规模集成器件大多数是专用的功能器件,用这些中规模集成器件实现组合逻辑函数。通常采用逻辑函数对比方法,即将要实现的逻辑函数表达式进行变换,尽可能变换成与某些中规模集成器件的逻辑函数表达式类似的形式。如果需要实现的逻辑函数表达式与某种中规模集成器件的逻辑函数表达式在形式上完全一致,则使用这种器件最方便。如果需要实现的逻辑函数是某种中规模集成器件的逻辑函数表达式的一部分,则只需对中规模集成器件的多余输入端做适当的处理(固定为 1 或固定为 0)即可。一般来说,单输出函数采用数据选择器实现,多输出函数采用译码器和附加逻辑门实现。

1. 编码器原理

数字系统中对信息的存储与处理常使用二进制码,用一个二进制码表示特定含义的信息称为编码。具有编码功能的逻辑电路称为编码器,编码器可分为普通编码器和优先编码器。

普通编码器:在任何情况下,只允许输入一个有效编码信号,否则输出就会发生混乱,文中以普通 4 线-2 线编码器进行举例介绍。

优先编码器:允许同时输入两个以上的有效编码信号。当同时输入几个有效编码信号时,优先编码器能按预先设定的优先级别,只对有效编码信号优先权最高的一个信号进行编码,文中以优先编码器 74LS138 进行举例介绍。

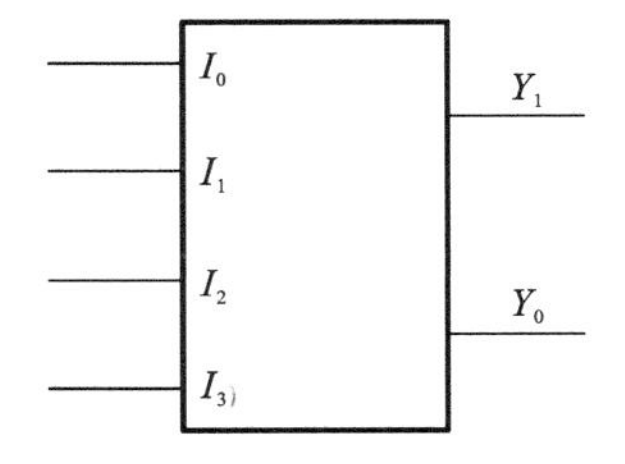

图 3-35 普通 4 线-2 线编码器逻辑框图

1) 普通 4 线-2 线编码器

普通 4 线-2 线编码器的输入为 4 个高/低电平信号,输出为 2 个高/低电平信号。普通 4 线-2 线编码器逻辑框图如图 3-35 所示,只能输入普通 4 线-2 线编码器逻辑功能表(见表 3-29)中所示的 4 组取值,其他输入组不允许出现,其中一个输入端为有效电平,其他输出端为相反电平。

表 3-29 普通 4 线-2 线编码器逻辑功能表

I_0	I_1	I_2	I_3	Y_1	Y_0
1	0	0	0	0	0
0	1	0	0	0	1
0	0	1	0	1	0
0	0	0	1	1	1

2) 优先编码器 74LS138 芯片简介

74LS138 为 3 线-8 线译码器,有 54/74S138 和 54/74LS138 两种线路结构形式。

74LS138 工作原理如下。

(1) 当 74LS138 的一个选通端(E_1)为高电平,另两个 74LS138 的选通端 E_2 和 E_3 为低电平时,可将地址端(A_0、A_1、A_2)的二进制编码在 $Y_0 \sim Y_7$ 对应的输出端以低电平译出(即输出为 $Y_0 \sim Y_7$ 的非)。例如,$A_2A_1A_0=110$ 时,则 Y_6 输出端输出低电平信号。

(2) 利用 E_1、E_2 和 E_3 可级联扩展成 24 线译码器,若外接一个反相器还可级联扩展成 32 线译码器。

(3) 当将 74LS138 的选通端中的一个作为数据输入端时,74LS138 还可作数据分配器。

(4) 74LS138 可用在 8086 的译码电路中,扩展内存。

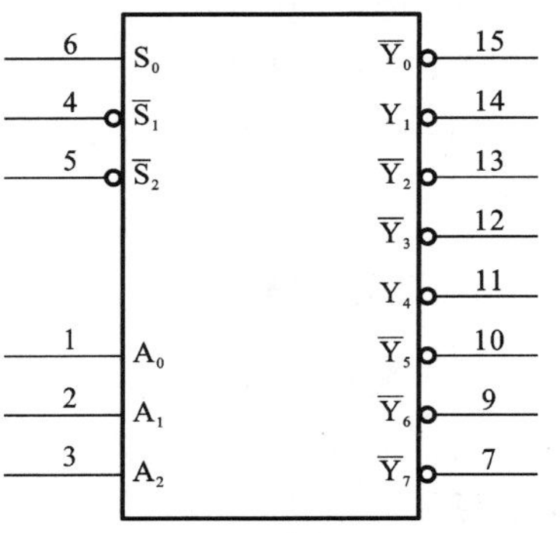

图 3-36　74LS138 引脚图

74LS138 引脚图如图 3-36 所示。

74LS138 真值表如表 3-30 所示。

表 3-30　74LS138 真值表

输入						输出							
使能			选位										
S_0	$\overline{S_1}$	$\overline{S_2}$	C	B	A	Y_0	Y_1	$\overline{Y_2}$	$\overline{Y_3}$	$\overline{Y_4}$	$\overline{Y_5}$	$\overline{Y_6}$	$\overline{Y_7}$
X	1	X	X	X	X	1	1	1	1	1	1	1	1
X	X	1	X	X	X	1	1	1	1	1	1	1	1
0	X	X	X	X	X	1	1	1	1	1	1	1	1
1	0	0	0	0	0	0	1	1	1	1	1	1	1
			0	0	1	1	0	1	1	1	1	1	1
			0	1	0	1	1	0	1	1	1	1	1
			0	1	1	1	1	1	0	1	1	1	1
			1	0	0	1	1	1	1	0	1	1	1
			1	0	1	1	1	1	1	1	0	1	1
			1	1	0	1	1	1	1	1	1	0	1
			1	1	1	1	1	1	1	1	1	1	0

2. 译码器原理

译码是编码的逆过程,其功能是将具有特定含义的二进制码转换成对应的输出信号,使输出通道中相应的一路有信号,具有译码功能的逻辑电路称为译码器。译码器可分为唯一地址译码器和代码变换器。

唯一地址译码器:将一系列代码转换成与之一一对应的有效信号。常见的唯一地址译码器有二进制译码器、二十进制译码器和显示译码器。下面以二进制译码器为例进行介绍。

代码变换器:将一种代码转换成另一种代码,译码器在数字系内统中有广泛的用途,不仅用于代码的转换、终端的数字显示,还用于数据分配、存储器寻址和组合控制信号等。不同的功能可选用不同种类的译码器。下面以 74LS148 为例进行介绍。

1）二进制译码器

二进制译码器的输入为二进制代码（N 位），输出为 $2N$ 个高/低电平信号，每个二进制译码器的输出仅包含一个最小项。例如，二进制译码器的输入是三位二进制代码，输出有 8 种状态，8 个输出端分别对应其中一种输入状态。因此，三位二进制译码器又称为 3 线-8 线译码器。

二进制译码器功能图如图 3-37 所示，当输入使能端 EI 为有效电平时，对应二进制译码器的每一组输入代码，其中一个输入端为有效电平，其余输出端为相反电平。

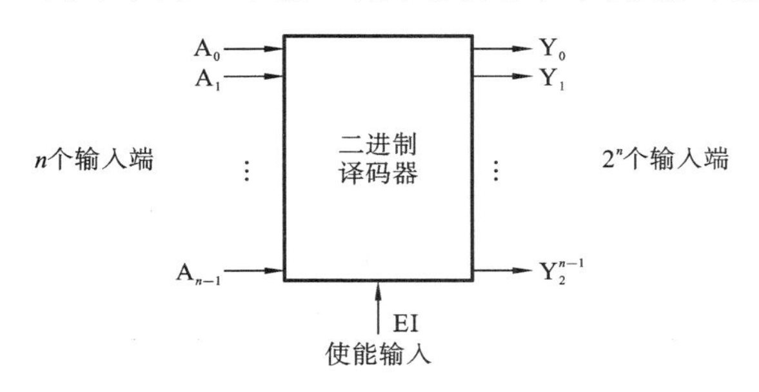

图 3-37 二进制译码器功能图

2）74LS148

74LS148 是 8 线-3 线优先编码器，共有 54/74148 和 54/74LS148 两种线路结构形式，将 8 条数据线（0～7）进行 3 线（4-2-1）二进制优先编码，即对最高位数据线进行译码。利用 74LS148 输入选通端（EI）和输出选通端（EO）可进行八进制扩展。

该编码器有 8 个信号输入端、3 个二进制码输出端。此外，电路还设置了输入使能端（EI），输出使能端（EO）和优先编码工作状态标志（GS）。当 EI 为 0 时，编码器工作；而当 EI 为 1 时，无论编码器的 8 个输入端为何种状态，3 个输出端均为高电平，且编码器的优先标志端和输出使能端均为高电平，编码器处于非工作状态。这种情况为输入低电平有效，编码器的输出也为低电平有效。当 EI 为 0，且至少有一个编码器的输入端有编码请求信号（逻辑 0）时，GS 为 0。表明编码器处于工作状态，否则 GS 为 1。

74LS148 引脚图如图 3-38 所示。

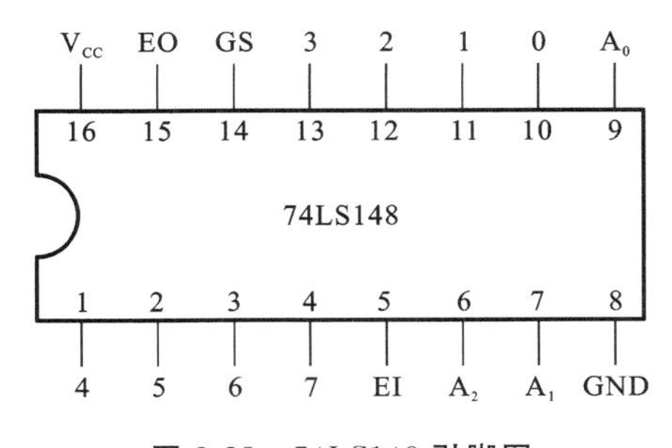

图 3-38 74LS148 引脚图

74LS148 真值表如表 3-31 所示。

3. 数据选择器原理

数据选择器又称为多路开关。数据选择器在地址端（或称为选择控制端）电位的控制下，从几个数据输入中选择一个并将其送到一个公共的输出端。数据选择器的功能类似一个多掷开关。

表 3-31 74LS148 真值表

输入									输出				
EI	I_0	I_1	I_2	I_3	I_4	I_5	I_6	I_7	A_2	A_1	A_0	GS	EO
1	X	X	X	X	X	X	X	X	1	1	1	1	1
0	1	1	1	1	1	1	1	1	1	1	1	1	0
0	X	X	X	X	X	X	X	0	0	0	0	0	1
0	X	X	X	X	X	X	0	1	0	0	1	1	0
0	X	X	X	X	X	0	1	1	1	1	0	1	0
0	X	X	X	X	0	1	1	1	1	1	1	1	0
0	X	X	X	0	1	1	1	1	1	1	1	1	0
0	X	X	0	1	1	1	1	1	1	0	1	1	0
0	X	0	1	1	1	1	1	1	1	1	0	1	0
0	0	1	1	1	1	1	1	1	1	1	1	1	0

数据选择器是目前逻辑设计中应用十分广泛的逻辑部件，它有 2 选 1、4 选 1、8 选 1、16 选 1 等类别。数据选择器的电路结构一般由与或门阵列组成，也有传输门开关和门电路混合而成的。本文以 74LS151 为例进行介绍。

74LS151 为互补输出的 8 选 1 数据选择器，74LS151 引脚图如图 3-39 所示。

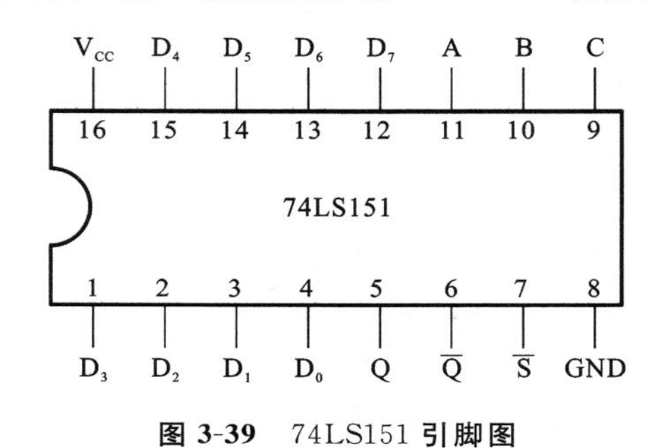

图 3-39 74LS151 引脚图

74LS151 真值表如表 3-30 所示。

表 3-32 74LS151 真值表

输入				输出	
A	C	B	A	Q	$\overline{Q}$
1	X	X	X	0	0
0	0	0	0	D_0	$\overline{D}_0$
0	0	0	1	D_1	$\overline{D}_1$
0	0	1	0	D_2	$\overline{D}_2$
0	0	1	1	D_3	$\overline{D}_3$
0	1	0	0	D_4	$\overline{D}_4$
0	1	0	1	D_5	$\overline{D}_5$
0	1	1	0	D_6	$\overline{D}_6$
0	1	1	1	D_7	$\overline{D}_7$

74LS151 选择控制端(地址端)为 C～A,按二进制译码,从 8 个输入数据 $D_0 \sim D_7$ 中,选择一个需要的数据送到输出端 Q,$\overline{S}$ 为使能端,低电平有效。

(1) 当 74LS151 使能端 $\overline{S}=1$ 时,不论控制端 C～A 状态如何,均无输出($Q=0,\overline{Q}=1$),多路开关被禁止。

(2) 当 74LS151 使能端 $\overline{S}=0$ 时,多路开关正常工作,根据地址端 C、B、A 的状态选择 $D_0 \sim D_7$ 中某一个通道的数据输送到输出端 Q。

① 若 $CBA=000$,则选择 D_0 数据到输出端,即 $Y=D_0$。

② 若 $CBA=001$,则选择 D_1 数据到输出端,即 $Y=D_1$,其余类推。

3.5.5 实验内容

1. 4 线-16 线译码器

试用两片 3 线-8 线译码器 74LS138 组成 4 线-16 线译码器,将输入的 4 位二进制代码译成 16 个独立的低电平信号。

两片 74LS138 组成的 4 线-16 线译码器如图 3-40 所示,在 4 线-16 线译码器输入端 $D_1 \sim D_4$ 依次输入 0000～1111,观察 4 线-16 线译码器输出端的信号,并画出真值表。

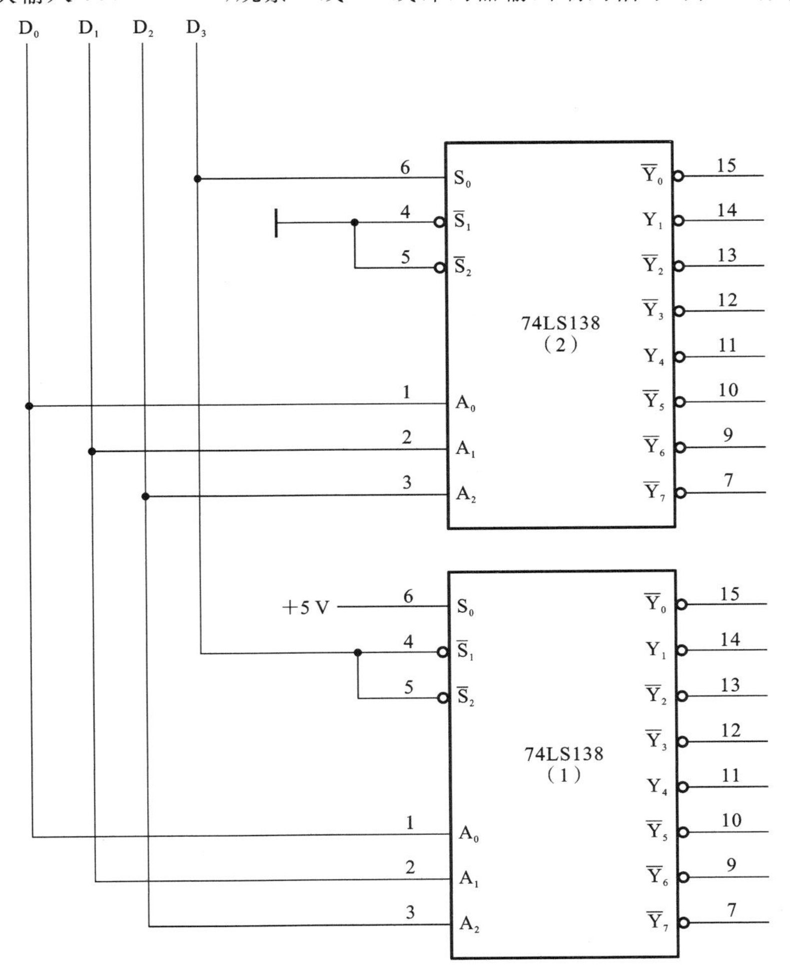

图 3-40 两片 74LS138 组成的 4 线-16 线译码器

2. 编码译码显示电路

编码译码显示电路如图 3-41 所示，编码译码显示电路输入端接入逻辑电平，编码译码显示电路测试输出端输出电平，并记录显示器显示的字形，画出真值表。

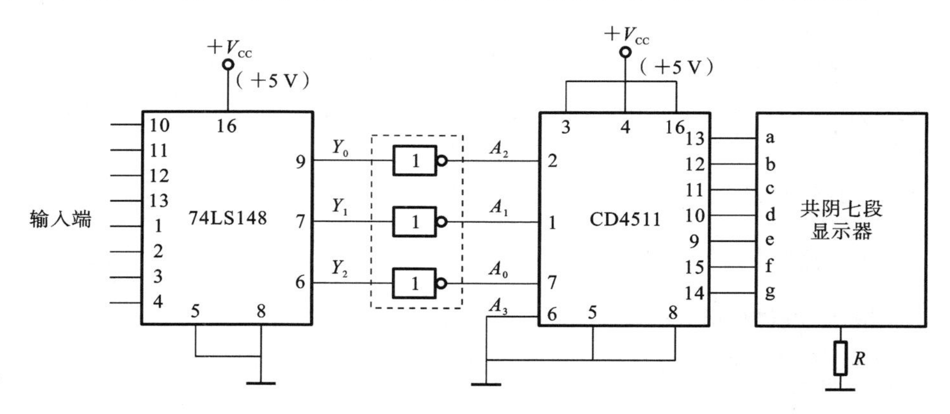

图 3-41　编码译码显示电路

3. 数据选择器 74LS153 的逻辑功能测试

数据选择器 74LS153 电路如图 3-42 所示，74LS153 的地址端为 A_1、A_0，数据端为 D_0～D_3，使能端 G 接逻辑开关，74LS153 的输出端 Y 接逻辑电平显示器，按 74LS153 功能表逐渐进行测试，记录测试结果。

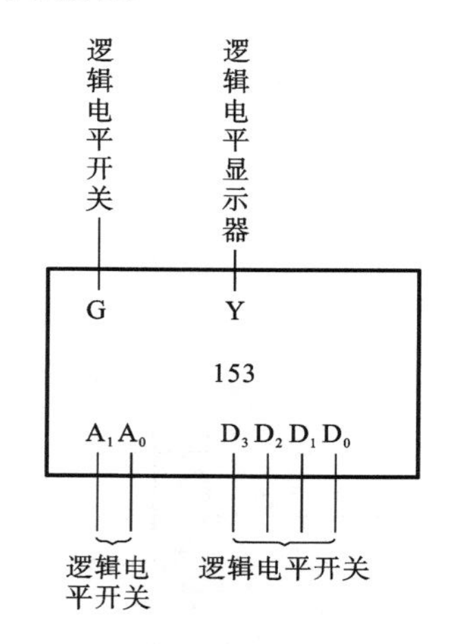

图3-42　数据选择器 74LS153 电路

3.5.6　实验思考

(1) 组合逻辑电路的特点是什么？

(2) 译码器和编码器工作特点是什么？

(3) 用中规模组合电路实现组合逻辑函数时应注意什么问题？

3.6　竞争与冒险

本节属于竞争与冒险电路仿真实验，了解常见的 0 型和 1 型竞争冒险，并掌握常用消除 0 型和 1 型竞争冒险的方法；用软件仿真方法对 0 型和 1 型竞争冒险进行模拟测试，观察常用消除方法对竞争冒险的影响；比较出各种竞争冒险消除方法的优缺点。

3.6.1 实验目的

（1）了解数字电路中的竞争与冒险现象的成因、分类与判断。

（2）明确消除竞争与冒险的方法。

（3）掌握在 Multisim 仿真软件中消除竞争与冒险的方法。

（4）了解各种消除竞争与冒险的方法的优缺点。

3.6.2 实验设备及器材

（1）74LS00、74LS02、74LS10，各 1 片。

（2）数字万用表，1 台。

（3）数字电路实验箱，1 台。

（4）双踪示波器，1 台。

（5）200 Ω 电阻、10 kΩ 电位器，若干。

3.6.3 实验预习要求

（1）通过查找相关资料，了解数字电路中出现竞争与冒险现象的危害。

（2）回顾非门、异或门的功能。

（3）了解 Multisim 仿真软件的应用。

（4）通过查找相关资料，了解各种消除竞争与冒险的方法的优缺点。

3.6.4 实验原理

1. 竞争冒险现象的成因

信号经过逻辑门电路都需要一定的时间，由于各个门电路延迟时间的差异，或者不同路径上门电路的级数不同，信号从不同的路径，经过不同的门电路到达输出端时，电路在输入信号变化的瞬间，可能与稳态下的逻辑功能不一致，逻辑门的输出端出现一些不正确的尖峰脉冲（毛刺）。一个逻辑门的两个输入端信号同时向相反方向变化，且变化的时间有差异的现象称为竞争。由于竞争而引起电路输出信号中出现了非预期信号或产生瞬间错误的现象称为冒险。

2. 冒险现象的分类

冒险分为逻辑冒险（静态冒险）和功能冒险（动态冒险）。由于一个输入信号的变化而引起输出信号出现的冒险称为逻辑冒险；由于两个或两个以上的输入信号的变化而引起输出信号出现的冒险称为功能冒险。

1）0 型竞争冒险

关于输出函数 $F=A+\overline{A}$，在电路达到稳定，即静态时，输出 F 总是 1。然而实际上，在 A 变化时，0 型竞争冒险的电路图及波形图如图 3-43 所示，可知输出 F 在某些瞬间会出现 0，即当 A 经历 1 变 0 的变化时，F 出现窄脉冲，即电路存在 0 型竞争冒险。

2）1 型竞争冒险

关于输出 $F=A\overline{A}$，在电路达到稳定，即静态时，输出 F 总是 0。然而在一个变化

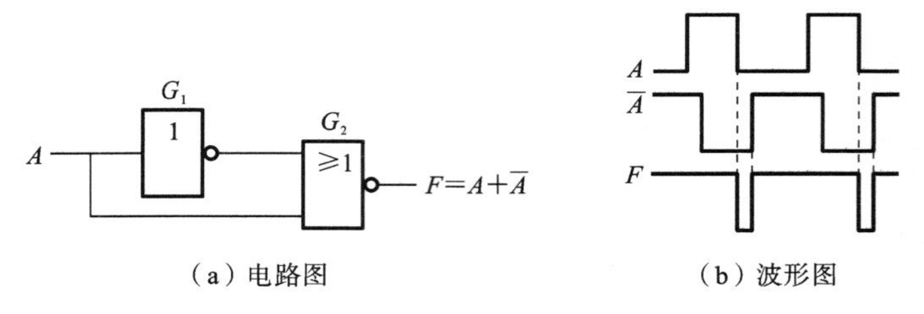

（a）电路图　　（b）波形图

图 3-43　0 型竞争冒险的电路图及波形图

时（动态时），1 型竞争冒险的电路图及波形图如图 3-44 所示，可知输出 F 的某些瞬间会出现 1，即当经历 0 变 1 的变化时，F 出现窄脉冲，即电路存在静态 1 型竞争冒险现象。

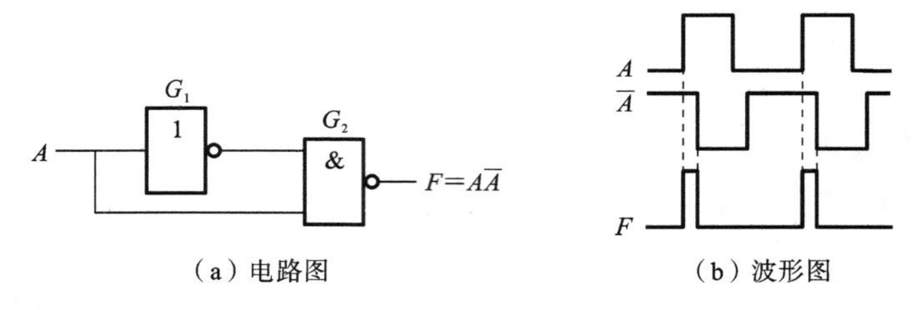

（a）电路图　　（b）波形图

图 3-44　1 型竞争冒险的电路图及波形图

总结：当电路中存在由反相器产生的互补信号，且互补信号的状态发生变化时，电路可能出现竞争冒险现象。

3. 竞争冒险的判断

1）代数判别法

在逻辑函数表达式中，若某个变量同时以原变量和反变量的形式出现，即如果输出端的逻辑函数在一定的条件下能够简化为 $F=A+\overline{A}$ 或 $F=A\overline{A}$，那么当输入变量 A 的状态突然发生变化时，输出端便存在竞争冒险现象。

2）卡诺图判别法

根据要求画出逻辑函数对应的卡诺图后，画好逻辑函数项对应的卡诺图，如果卡诺图存在相切的情况，并且相切的卡诺图没被其他的卡诺图包围，则函数在相切处两值间跳变时发生了逻辑冒险（见图 3-47）。逻辑冒险是多个输入信号同时变化的瞬间，由于变化快慢不同而引起的冒险。三变量卡诺图如图 3-45 所示，当 ABC 从 011 变为 101 时，A 和 B 两个变量同时发生了变化，如果 B 先变化，则 ABC 的取值出现了 001 的过渡状态，由卡诺图可知此时函数输出为 0，然而 ABC 在变化前后的稳定状态输出值均为 1。这种由过渡态引起的冒险是由电路的功能所致的，因此称为功能冒险。

3）仿真和实验判别法

代数判别法和卡诺图判别法都比较简单，但不适用于多个变量输入的情况，因此可以采用计算机软件仿真法来判断，例如 Multisim、MAX＋plus11 等软件都能有效地检测出电路中存在的竞争冒险现象。但由于电路本身存在误差等问题，还需要进一步通过实验来判断电路是否存在竞争冒险，实验验证方法虽然烦琐，但可靠性高，是电路设计的必经阶段。

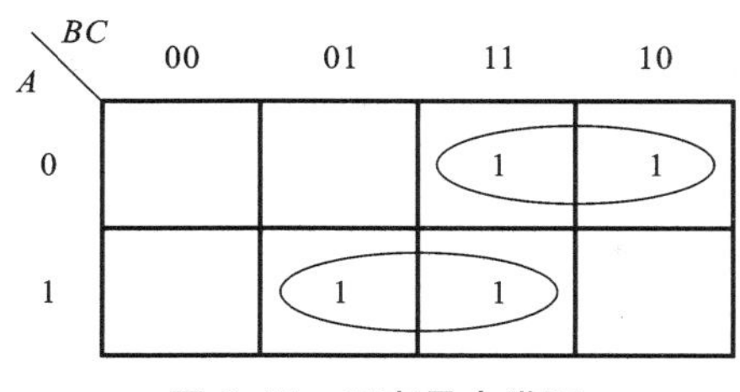

图 3-45　三变量卡诺图

4. 消除竞争冒险的方法

1）发现并消除互补变量

例如，关于函数式 $F=(A+B)(\overline{A}+C)$，在 $B=C=0$ 时，$F=A\overline{A}$，电路可能产生冒险，但是如果将 $A\overline{A}$ 消掉，该式变换为 $F=AC+\overline{A}B+BC$，电路就不会产生冒险现象。

2）增加冗余项法

根据逻辑代数的冗余律可知：若将表达式 $Y=\overline{A}B+BC$ 增加冗余项，等效为 $Y=\overline{A}B+BC+AC$，则等效后的表达式的逻辑结果不变。通过分析可知，原表达式当 $A=C=1$ 时，会出现 $B+\overline{B}$，构成了竞争冒险产生的条件，而等效后的表达式当且仅当 $A=C=1$ 时，才会出现 B 与 $\overline{B}$ 同时出现的情况，而此时冗余项起了作用，$Y=B+\overline{B}+1$，不会出现只有互补项相加的结果。该方法比较简单，主要用于电路的理论设计阶段，用代数判别法或者卡诺图判别法判断出竞争冒险以后，直接对逻辑表达式进行修改，进而修改电路，但该方法局限性比较大，不适合输入变量较多及较复杂的电路。

3）电容滤波法

增加电压滤波及输出波形如图 3-46 所示，组合逻辑电路由竞争冒险产生的尖峰脉冲通常高频分量很丰富，因此，可以在组合逻辑电路的输出端添加一个滤波电容，构成低通滤波器，从而起到通低频、阻高频的作用。该方法简单、易行，电容对窄脉冲起到了平波作用，使组合逻辑电路的输出端不会发生逻辑错误，但同时也使组合逻辑电路的输出波形上升沿或下降沿变得缓慢，仅适用于对输出波形上升沿、下降沿要求不高的情形。

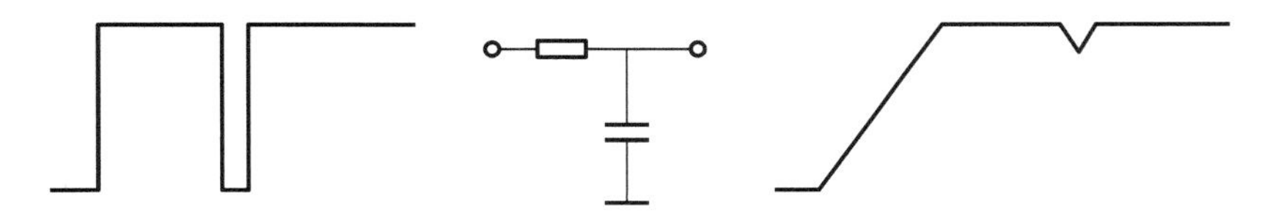

图 3-46　增加电压滤波及输出波形

4）脉冲选通法

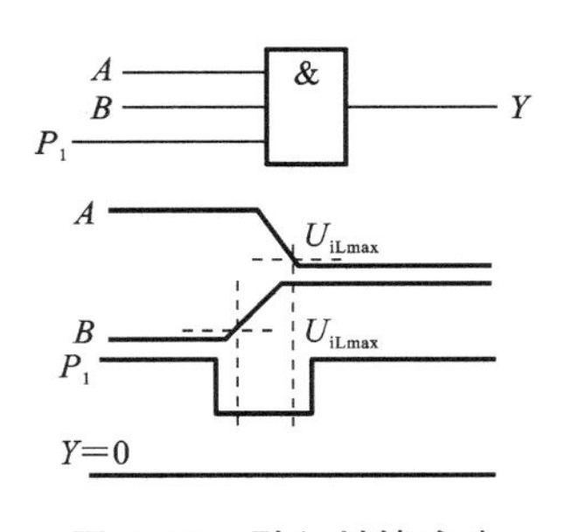

图 3-47　引入封锁脉冲

脉冲选通法包括两个方面：一是引入封锁脉冲（见图 3-47），即引入一个负脉冲，在输入信号转换前到达，转换后消失；二是引入选通脉冲，即只有当电路达到了新的稳态后，选通脉冲才为正脉冲，使电路输出有效。因为有效脉冲出现在电路达到稳态以后，所以不会出现尖峰脉冲。选通脉冲刚好与封锁脉冲相反，表现为上凸波形，只需将 P_1 的下凹脉冲改为上凸脉冲即可实现。但是值得注意的是，无论是引入封锁脉冲还是选通脉冲，脉冲选通法最后的输出信号将变为脉冲信号，脉冲选通法不需要增加电路元件就可以从根本上消除尖峰脉冲，但要求脉冲与输入信号同步，且对取样脉冲的宽度和作用时间有较高的要求。

5）采用可靠性编码

在数字电路设计中，设计者常常采用格雷码计数器来代替普通的二进制计数器，因为格雷码加 1 时，只有一个输出位发生跳变，这样就消除了竞争冒险发生的条件。

3.6.5 实验内容

在仿真软件中，搭建 0 型竞争冒险（图 3-43）和 1 型竞争冒险（图 3-44）的电路，调节信号源输出 10 MHz 的方波，用两台双踪示波器分别测量非门 74LS04 的时延和整个电路的输入/输出波形。

（1）观察并记录输出波形。

（2）测量各个时延及由于竞争冒险出现的脉冲宽度。

（3）用电容滤波法消除竞争冒险现象，分析电容大小对电路的影响，用仿真的方法确定电容的大小，记录仿真数据。

（4）根据仿真软件的仿真和测量的结果，说明实际仿真结果以及电容滤波法和引入封锁脉冲的差异，并解释差异原因。

3.6.6 实验思考

（1）同步电路会不会产生竞争冒险，为什么？

（2）电路中最常用的消除竞争与冒险方法是什么？它的优点相对于其他方法体现在哪里？

（3）竞争冒险产生的毛刺现象会给后级逻辑电路产生什么影响？

3.7 触发器及锁存器测试

本节属于触发器及锁存器测试基础测试实验。触发器种类繁多，根据功能可分为 RS、D、JK、T 和 T′等类型；根据电路结构可分为基本、同步、主从、维持阻塞等类型；根据触发方式，可分为直接（异步）触发、使能（电平）触发和边沿（脉冲）触发等类型。本节通过测试对触发器及锁存器的功能进行验证。

3.7.1 实验目的

（1）熟练掌握基本 RS 触发器、JK 触发器、D 触发器、T 触发器以及 T′触发器的逻辑功能和特征方程。

（2）熟练掌握不同结构触发器的工作原理及触发方式，正确理解触发器的脉冲工作特性。

（3）了解触发器的应用。

（4）熟悉各触发器之间相互转换的方法。

3.7.2 实验设备及器材

(1) 74LS112,双 JK 触发器,2 片。
(2) 74LS74,双 D 触发器,1 片。
(3) 其他小规模逻辑门,若干。
(4) 双踪示波器,1 台。
(5) 数字万用表,1 台。
(6) 数字电路实验箱,1 台。

3.7.3 实验预习要求

(1) 复习触发器的相关内容,学习集成触发器的使用方法。
(2) 认真查阅本实验所用集成电路的功能和使用方法。
(3) 根据实验任务要求设计电路,并根据所给的标准器件画出逻辑图。

3.7.4 实验原理

触发器是双稳态电路,是构成时序逻辑电路的基本逻辑部件。触发器具有两个稳定的状态:0 状态和 1 状态。在不同的输入情况下,触发器可以被置成 0 状态或 1 状态;当输入信号消失后,所置成的状态能够保持不变。所以,触发器可存储、记忆 1 位二进制数据。

触发器是对时钟脉冲边沿敏感的存储电路,触发器在时钟脉冲的上升沿或下降沿作用下更新状态。根据结构形式的不同,触发器可分为基本 RS 触发器、同步触发器、主从触发器和边沿触发器。根据逻辑功能的不同,触发器可分为基本 RS 触发器、D 触发器、JK 触发器、T 触发器和 T′触发器。

1. 基本 RS 触发器

基本 RS 触发器没有触发信号的输入,由激励信号直接控制触发器的状态转换,属于直接触发型触发器。RS 触发器逻辑图如图 3-48 所示,由两个与非门构成的基本 RS 触发器和两个或非门构成的基本 RS 触发器。与非门构成的 RS 触发器称为低有效 RS 触发器,或非门构成的 RS 触发器称为高有效 RS 触发器。

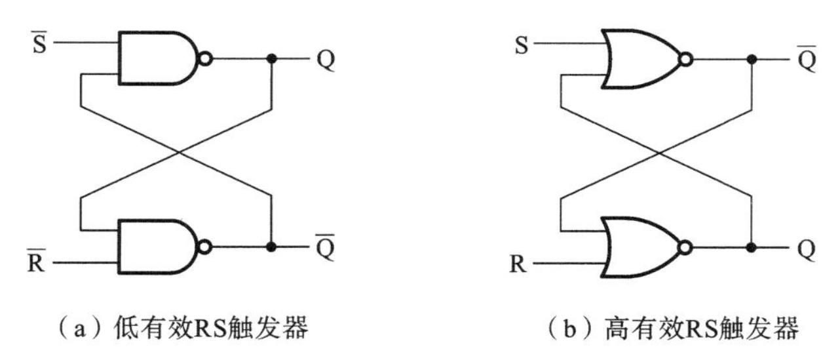

图 3-48 RS 触发器逻辑图

基本 RS 触发器具有置“0”、置“1”、和“保持”三种功能。通常 S 端被称为置“1”端,R 端被称为置“0”端,即当 S 端与 R 端仅有一端为有效电平时,触发器 S 端置“1”,R 端置“0”;当 R、S 为无效端时,触发器状态为“保持”;当 R、S 同时为有效状态时,触发器状态不稳定,应避免此情况发生。基本 RS 触发器的逻辑功能表如表 3-33 和表 3-34 所示。

表 3-33 基本 RS 触发器的逻辑功能表(一)

输入		输出	
$\overline{S}$	$\overline{R}$	Q^{n+1}	$\overline{Q}^{n+1}$
0	1	1	0
1	0	0	1
1	1	Q^n	$\overline{Q}^n$
0	0	α	α

表 3-34 基本 RS 触发器的逻辑功能表(二)

输入		输出	
S	R	Q^{n+1}	$\overline{Q}^{n+1}$
0	1	0	1
1	0	1	0
0	0	Q^n	$\overline{Q}^n$
1	1	α	α

注:α 表示不确定状态。

2. D 触发器

采用基本 RS 触发器时,使 $S=\overline{R}=D$,就构成了电平控制的 D 触发器。在单输入信号的情况下,使用 D 触发器更为方便。在触发信号的控制下,D 触发器能够“记住”D 端输入的数据并保持。当时钟为有效电平时,触发器的状态由 D 决定,当时钟为无效电平时,触发器保持有效电平最后时刻的状态不变。

74LS373 是三态输出的 8D 锁存器,当 LE 为低电平时,D 被锁存在已建立的数据电平中;当锁存允许端 LE 为高电平时,Q 随数据 D 的变化而变化。74LS373 芯片内部结构如图 3-49 所示。

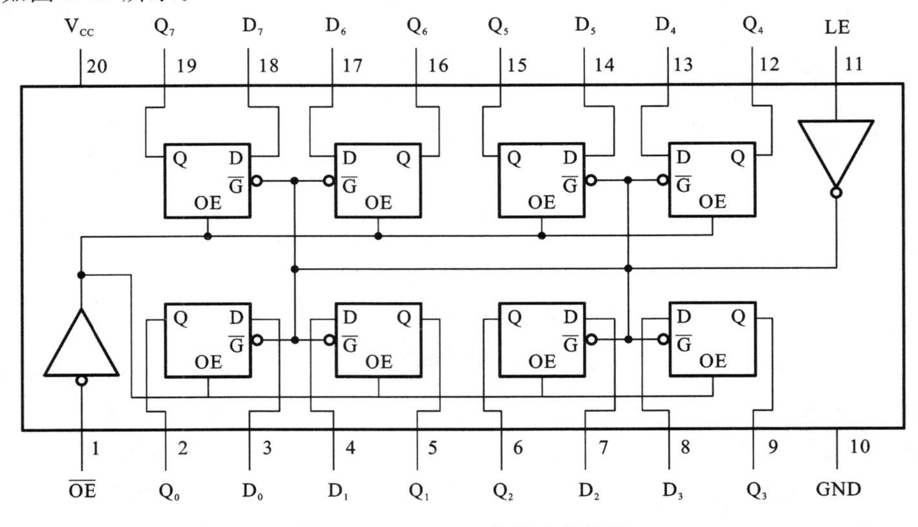

图 3-49 74LS373 芯片内部结构

74LS373 功能表如表 3-35 所示。

表 3-35 74LS373 功能表

$\overline{OE}$	LE	D^*	Q^{n+1}
1	X	X	高阻态
0	1	0	0
0	1	1	1
0	0	X	D^*

注：D^* 表示下降沿前一瞬间 D 的状态。

维持阻塞 D 触发器依靠反馈线并利用维持阻塞的特性实现边沿触发。维持阻塞 D 触发器逻辑图如图 3-50 所示，维持阻塞 D 触发器由 6 个与非门组成，其中 G_1、G_2 组成基本触发器，G_3、G_4 组成时钟控制电路，G_5、G_6 组成数据输入电路。

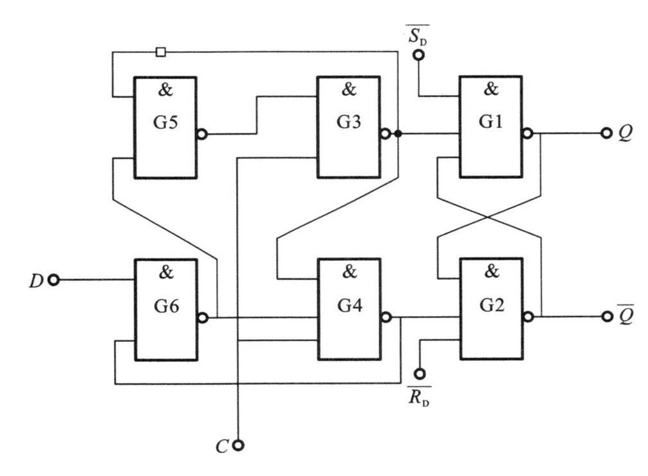

图 3-50 维持阻塞 D 触发器逻辑图

维持阻塞 D 触发器具有在时钟脉冲上升沿触发的特点，故又称为上升沿触发的边缘触发器，触发器的状态只取决于时钟到来前 D 端的状态。维持阻塞 D 触发器逻辑符号及工作波形如图 3-51 所示。

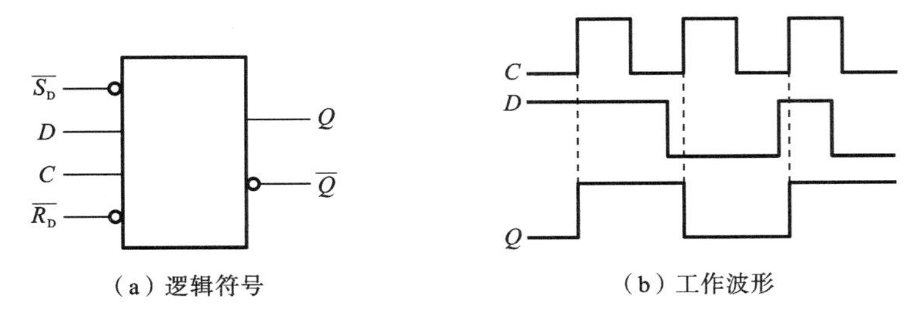

（a）逻辑符号 （b）工作波形

图 3-51 维持阻塞 D 触发器逻辑符号及工作波形

3. 主从 JK 触发器

在主从 JK 触发器输入信号为双端时，在时钟输入控制下，其输出可以实现同步置位、同步复位、状态不变、状态变反四种功能。主从 JK 触发器的状态方程为：$Q^{n+1}=J\,\overline{Q^n}+\overline{K}Q^n$。

主从触发器分为主触发器和从触发器：若主从触发器为下降沿的JK触发器，则当CP为高电平时，主触发器的状态随输入的变化而变化，从触发器的状态不变；当CP为由高电平变为低电平时，从触发器的状态根据主触发器的状态变化而变化；当CP为低电平时，主触发器的状态不变，因此从触发器的状态也不能发生变化，从而实现边缘触发。

74LS112为一款下降沿触发的主从双JK触发器。74LS112引脚排列及逻辑符号如图3-52所示。

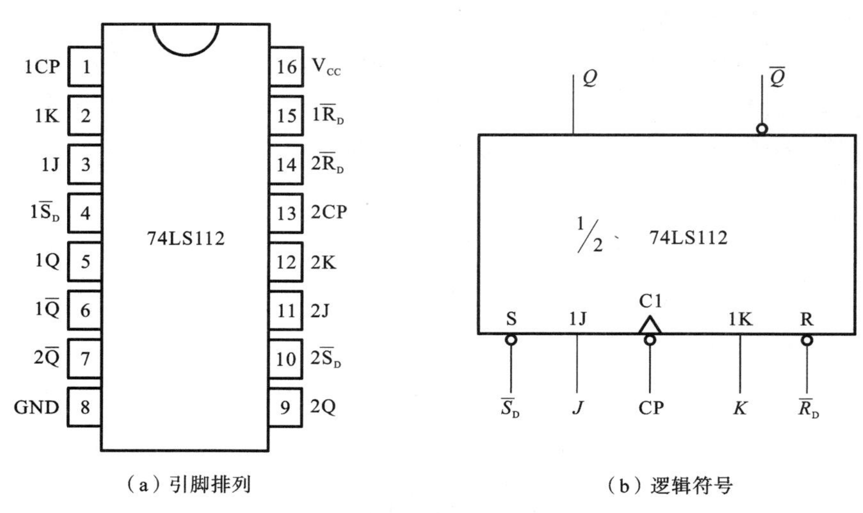

(a) 引脚排列　　(b) 逻辑符号

图 3-52　74LS112 引脚排列及逻辑符号

74LS112双JK触发器功能表如表3-36所示。

表 3-36　74LS112 双 JK 触发器功能表

输入					输出	
$\overline{R}_D$	$\overline{S}_D$	CP	J	K	Q^{n+1}	$\overline{Q}^{n+1}$
1	0	X	X	X	1	0
0	1	X	X	X	0	1
0	0	X	X	X	1*	1*
1	1	↓	0	0	Q^n	$\overline{Q}^n$
1	1	↓	1	0	1	0
1	1	↓	0	1	0	1
1	1	↓	1	1	$\overline{Q}^n$	Q^n
1	1	↓	X	X	Q^n	$\overline{Q}^n$

注：* 为不稳定状态。

4. T 触发器

将JK触发器的J、K端相连，就构成了只有一个激励控制端的T触发器。当触发条件满足时，由JK触发器的逻辑功能可知，当 $T=0(J=K=0)$ 时，触发器的状态不变；

当 $T=1(J=K=1)$时，触发器的状态相反。T 触发器特征方程为：$Q^{n+1}=\overline{Q^n}$。

若使 T 触发器的激励源 $T=1$，则构成了无激励输入、只受触发时钟控制的 T′触发器。T′触发器特征方程为：$Q^{n+1}=T\,\overline{Q^n}+\overline{T}Q^n$。

T 触发器及 T′触发器的逻辑图如图 3-53 所示，T 触发器的逻辑功能表如表 3-37 所示，T′触发器的逻辑功能表如表 3-38 所示。

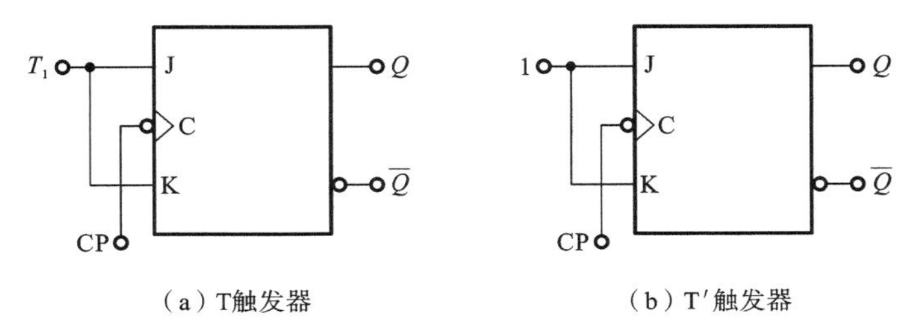

（a）T触发器　　（b）T′触发器

图 3-53　T 触发器及 T′触发器的逻辑图

表 3-37　T 触发器的逻辑功能表

T	Q^n	Q^{n+1}	功　能
0	0	0	$Q^{n+1}=Q^n$ 保持
0	1	1	
1	0	1	$Q^{n+1}=\overline{Q}^n$ 保持
1	1	0	

表 3-38　T′触发器的逻辑功能表

Q^n	Q^{n+1}	功　能
0	1	$Q^{n+1}=\overline{Q}^n$ 翻转
1	0	

3.7.5　实验内容

（1）按 RS 触发器逻辑图 3-48 接线，分别测试低有效 RS 触发器和高有效 RS 触发器的功能，将所得输出数据填入表 3-39 和表 3-40 中。

表 3-39　低有效 RS 触发器逻辑功能表

输　入				输　出	
$\overline{R}$	$\overline{S}$	Q^n	$\overline{Q}^n$	Q^{n+1}	$\overline{Q}^{n+1}$
1	1→0	0	1		
1	0→1	1	0		
1→0	1	0	1		
0→1	1	1	0		
0	0	0	1		
0	0	1	0		

表 3-40 高有效 RS 触发器逻辑功能表

输入				输出	
R	S	Q^n	$\bar{Q}^n$	Q^{n+1}	$\bar{Q}^{n+1}$
0	1→0	0	1		
0	0→1	1	0		
1→0	0	0	1		
0→1	0	1	0		
1	1	0	1		
1	1	1	0		

(2) 测试双 D 触发器 74LS74 逻辑功能，将 Q^{n+1} 状态填入表 3-41 中。

表 3-41 双 D 触发器 74LS74 逻辑功能表

$\bar{R}_D$	$\bar{S}_D$	D	CP	Q^{n+1}	
				$Q^n=0$	$Q^n=1$
1	1	0	0→1		
			1→0		
1	1	1	0→1		
			1→0		
0	1	X	X		
1	0	X	X		
0	0	X	X		

(3) 测试双 JK 触发器 74LS112 逻辑功能，将 Q^{n+1} 状态填入表 3-42 中。

表 3-42 双 JK 触发器 74LS112 逻辑功能表

$\bar{R}_D$	$\bar{S}_D$	J	K	CP	Q^{n+1}	
					$Q^n=0$	$Q^n=1$
1	1	0	0	0→1		
				1→0		
1	1	0	1	0→1		
				1→0		
1	1	1	0	0→1		
				1→0		
0	1	X	X	X		
1	0	X	X	X		
0	0	X	X	X		

3.7.6 实验思考

(1) 按步骤完成实验,并将数据填入表格,用坐标纸绘制观察的波形,标识出重要参数。

(2) 分析基本 RS 触发器如何实现记忆功能。

(3) 分析 74LS373 如何实现锁存功能。

(4) 分析各触发器之间如何转换。

(5) 讨论主从触发器与维持阻塞 D 触发器的区别。

3.8 集成计数器基本应用

本节属于集成计数器的简单应用型实验。计数是一种最简单、基本的运算,计数器就是实现这种运算的逻辑电路,计数器在数字系统中主要是对脉冲的个数进行计数,以实现测量、计数和控制功能,同时兼有分频功能。学生通过本节课初步了解集成计数器的功能,通过 74LS161 芯片了解计数器计数方法及应用,并掌握计数器的级联方法。

3.8.1 实验目的

(1) 掌握 74LS161 集成计数器的结构、工作原理及其特点。

(2) 掌握 74LS161 集成计数器的基本应用。

(3) 掌握反馈清零法和反馈置数法的应用。

(4) 通过数字存储示波器观察计数器的工作进程。

3.8.2 实验设备及器材

(1) 74LS161,四位二进制计数器,2 片。

(2) 电阻、电位器,若干。

(3) 数字电路实验箱,1 台。

(4) 数字存储示波器,1 台。

3.8.3 实验预习要求

(1) 通过查找相关资料,了解 74LS161 芯片的内部工作原理。

(2) 通过查找相关资料,了解反馈清零法和反馈置数法。

(3) 通过查找相关资料,了解 74LS161 芯片的常用基本电路。

(4) 通过查找相关资料,了解数字存储示波器的使用方法。

3.8.4 实验原理

计数器是一个用来实现计数功能的时序部件,计数器不仅可用来计算脉冲数,还可用作数字系统的定时、分频和执行数字运算,以及其他特定的逻辑功能。

计数器种类很多。按构成计数器中的各触发器是否使用一个时钟脉冲源来分,计数器分为同步计数器和异步计数器。根据模值的不同,计数器分为二进制计数器、二十进制计数器和循环码计数器等。根据计数的增减趋势,计数器又分为加法计数器、减法计数器和可逆计数器。计数器还有可预置数和可编程序功能计数器等。目前，无论是TTL还是CMOS集成电路，都有品种较齐全的中规模集成计数器。计数器使用者只需借助器件手册提供的功能表和工作波形图以及引出端的排列，就能正确地运用这些计数器。下面就74LS161计数器来对计数器的功能及应用展开介绍。

1. 工作原理

74LS161是常用的四位二进制可预置的同步加法计数器，74LS161引脚图如图3-54所示，74LS161功能表如表3-43所示。从表3-43第一行可知，当$\overline{R_D}=0$(输入低电平)时，不管其他输入端(包括CP端)状态如何，四个数据输出端Q_0、Q_1、Q_2、Q_3全部清零。因为这一清零操作不需要时钟脉冲CP配合(即不管CP是什么状态都行)，所以CR为异步清零端，且低电平有效，也可以说该计数器具有"异步清零"功能。

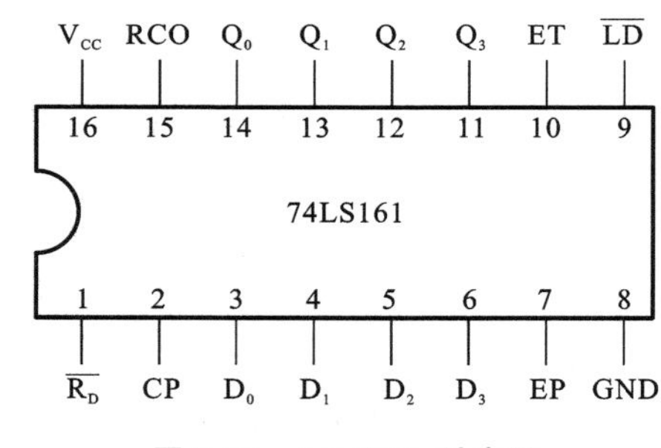

图3-54 74LS161引脚图

表3-43 74LS161功能表

清零	预置数	使能		时钟	预置数据输入				输出				工作模式
$\overline{R_D}$	$\overline{LD}$	ET	EP	CP	D_3	D_2	D_1	D_0	Q_3	Q_2	Q_1	Q_0	
0	X	X	X	X	X	X	X	X	0	0	0	0	异步清零
1	0	X	X	↑	a	b	c	d	a	b	c	d	同步置数
1	1	0	X	X	X	X	X	X	保持				数据保持
1	1	X	0	X	X	X	X	X	保持				数据保持
1	1	1	1	↑	X	X	X	X	计数				加法计数

从表3-43的第二行可知，当$\overline{R_D}=1$，且$\overline{LD}=0$时，时钟脉冲CP上升沿到达高电平，四个数据输出端Q_0、Q_1、Q_2、Q_3同时分别接收并行数据输入信号D_0、D_1、D_2、D_3。因为置数操作必须有CP上升沿配合，并与CP上升沿同步，所以称该芯片具有"同步置数"功能。

从表3-43的第三行、第四行知道，当CR=LD=1时，只要ET和EP中有一个为0，则不管CP状态如何(包括上升沿)，计数器所有数据输出都保持原状态不变。因此，ET和EP应该为计数控制端，当它们同时为1时，计数器执行正常同步计数功能；当它们有一个为0时，计数器执行保持功能。从表3-43的第五行又可知，当$\overline{LD}=\overline{R_D}=1$，ET=EP=1时，计数脉冲CP实现同步十进制加计数。

另外，进位输出RCO= $ET \cdot Q_0 \cdot Q_1 \cdot Q_2 \cdot Q_3$表明，进位输出端仅当计数控制端ET=1，且计数器状态为15时，它才为1，否则为0。

2. 实现任意进制计数

1）用反馈清零法获得任意进制计数器

假定已有 N 进制计数器，则需要得到一个 M 进制计数器时，只要 $M<N$，用反馈清零法使计数器计数到 M 时置 0，即获得 M 进制计数器。这种方法适用于有清零输入端的集成计数器。对于异步清零芯片，只要 $R=0$，不管计数器的输出为何种状态，异步清零芯片都会立即回到全 0 状态。清零信号消失后，计数器从全 0 开始重新计数。

2）用反馈置数法获得 M 进制计数器

反馈置数法适用于具有预置数功能的集成计数器。对于具有预置数功能的集成计数器而言，在其计数过程中，可以将集成计数器输出的任何一个状态通过译码产生一个预置控制信号来反馈至预置数控制端，在下一个 CP 脉冲作用下，计数器就会把预置数输入端的数据置入输出端。在预置数控制信号消失后，计数器就从被置入的状态开始重新计数。

3.8.5　实验内容

1. 74LS161 主要功能实验

(1) 74LS161 构成十进制计数器电路图如图 3-55 所示，将时钟 CP 与单次脉冲源相接，逐个输入单次脉冲，计数器的 Q_0、Q_1、Q_2、Q_3 端分别接发光二极管和具有 BCD 译码驱动的数码管的输入端 D_0、D_1、D_2、D_3，测试出触发器状态填入表 3-44 中。

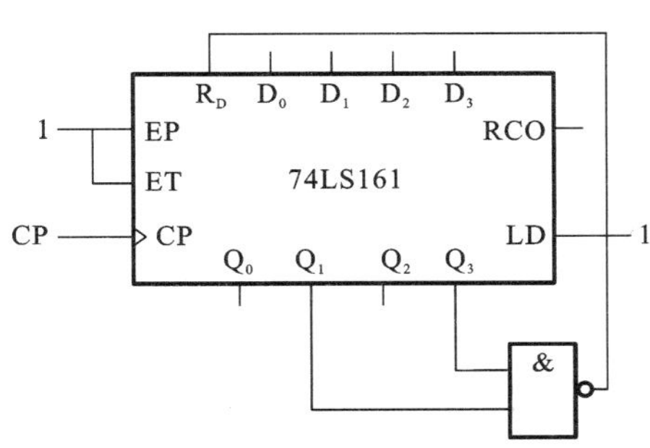

图 3-55　74LS161 构成十进制计数器电路图

表 3-44　74LS161 构成十进制功能测试

	单脉冲个数		0	1	2	3	4	5	6	7	8	9	10
单次脉冲源	触发器状态	Q_3	0										
		Q_2	0										
		Q_1	0										
		Q_0	0										
	数码显示												
连续脉冲源	波形记录		CP Q_3 Q_2 Q_1 Q_0										

(2) CP 接连续脉冲源，用数字存储示波器观察并记录 CP、Q_0、Q_1、Q_2、Q_3 的波形。

2. 组合反馈清零

用 74LS161 构成的组合状态反馈电路如图 3-56 所示。用数字存储示波器观察

RCO、Q_0、Q_1、Q_2、Q_3 的逻辑电平并记录到表 3-45 中。

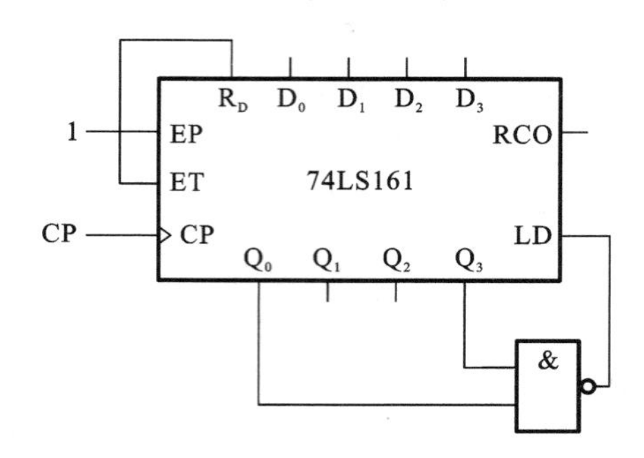

图 3-56 组合状态反馈电路

表 3-45 74LS161 组合反馈清零功能测试

CP 数	0	1	2	3	4	5	6	7	8	9	10
RCO											
Q_3											
Q_2											
Q_1											
Q_0											

3. 进位反馈置数

用 74LS161 构成的进位反馈置数电路如图 3-57 所示。测试 RCO、Q_0、Q_1、Q_2、Q_3 的逻辑电平并记录到表 3-46 中。

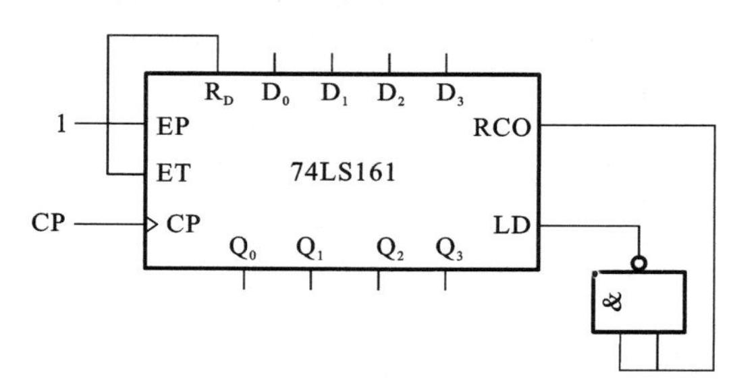

图 3-57 进位反馈置数电路

表 3-46 74LS161 进位反馈置数功能测试

CP 数	0	1	2	3	4	5	6	7	8	9	10
RCO											
Q_3											
Q_2											
Q_1											
Q_0											

4. 74LS161 **级联实验**

尝试用 74LS161 设计两位十进制计数器，74LS161 搭建的两位十进制计数器如图 3-58 所示，观察数码管显示过程中计数器电路的计数和译码过程。

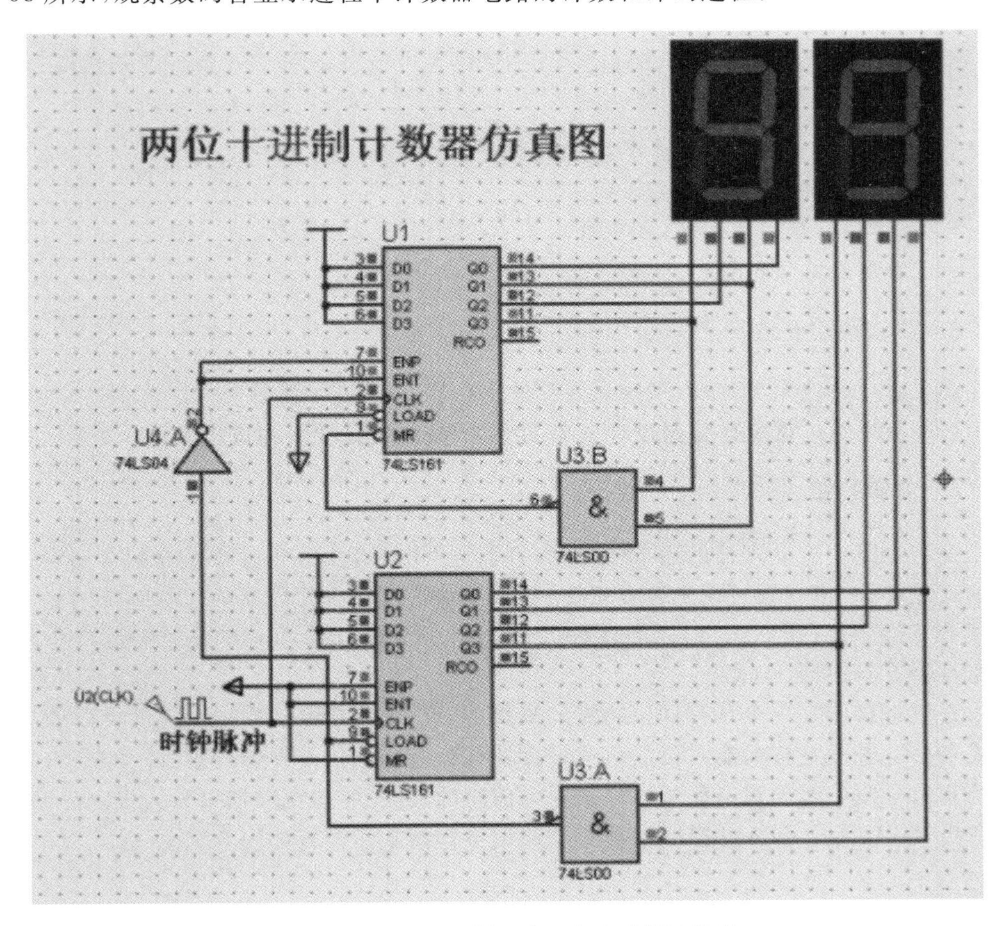

图 3-58 74LS161 **搭建的两位十进制计数器**

3.8.6 实验思考

(1) 两片 74LS161 串行和并行连接组成的计数器最大分别能达到多少进制？

(2) 异步置零和同步置零的区别在哪里？

(3) 用置数法构成七进制计数器，若要用 74LS161 的进位输出端作为七进制计数器的进位端，则电路设计时必须包含哪一个状态？

3.9 移位寄存器功能检测

本节属于移位寄存器功能检测基础测试实验。移位寄存器主要用于实现数据传输方式的转换，包括串行到并行转换和并行到串行转换；也可用于实现时序电路状态的周期性循环控制。集成移位寄存器的型号有多种，应用时可根据不同控制要求选择相应的型号。本节主要对 74LS194 上升沿触发的移位寄存器进行功能测试。

3.9.1 实验目的

(1) 掌握 74LS194 移位寄存器的逻辑功能和使用方法。

(2) 熟悉移位寄存器的应用。

3.9.2 实验设备及器材

(1) 74LS194,移位寄存器,2 片。

(2) 其他小规模逻辑门,若干。

(3) 示波器,数字万用表,各 1 台。

(4) 数字电路实验箱,1 台。

3.9.3 实验预习要求

(1) 通过查找相关资料,了解双向移位寄存器 74LS194 的使用方法。

(2) 预习四位移位计数器设计电路的方法,按照设计要求完成电路。

3.9.4 实验原理

寄存器是中央处理器的组成部分,寄存器与 CPU 有关。寄存器是有限存储容量的高速存储部件,寄存器可用来暂存指令、数据和地址。中央处理器的控制部件中包含的寄存器有指令寄存器(IR)和程序计数器(PC)。中央处理器的算术及逻辑部件中包含的寄存器有累加器(ACC)。

移位寄存器是一个具有移位功能的寄存器,在控制端和脉冲的作用下可以依次左移或右移。既能左移又能右移的移位寄存器称为双向移位寄存器,只需改变左/右移动的控制信号便可实现双向移位。根据存取信息的方式,移位寄存器可分为串入串出、串入并出、并入串出、并入并出四种形式。移位寄存器工作模式如图 3-59 所示。

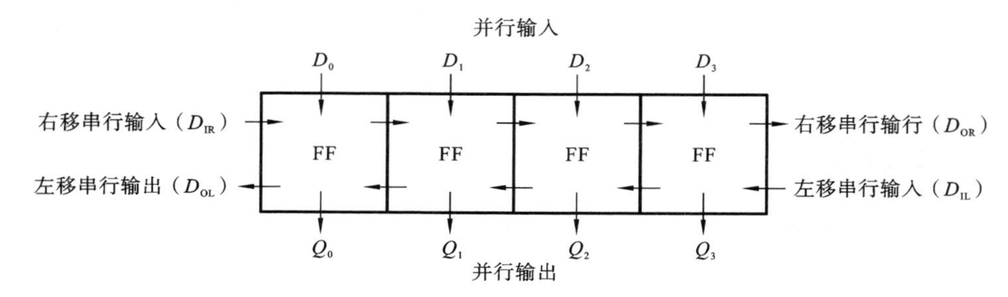

图 3-59 移位寄存器工作模式

1. 74LS194 **介绍**

74LS194 为四位双向通用移位寄存器,74LS194 内部逻辑电路图如图 3-60 所示,74LS194 真值表如表 3-47 所示。

A、B、C、D 为并行输入端输入;Q_0、Q_1、Q_2、Q_3 为并行输出端输出;D_{SR} 为右移串行输入端输入;D_{SL} 为左移串行输入端输入;S_1、S_0 为操作模式控制端输入;CR 为异步清零端输入;CP 为时钟脉冲输入端输入,上升沿有效。

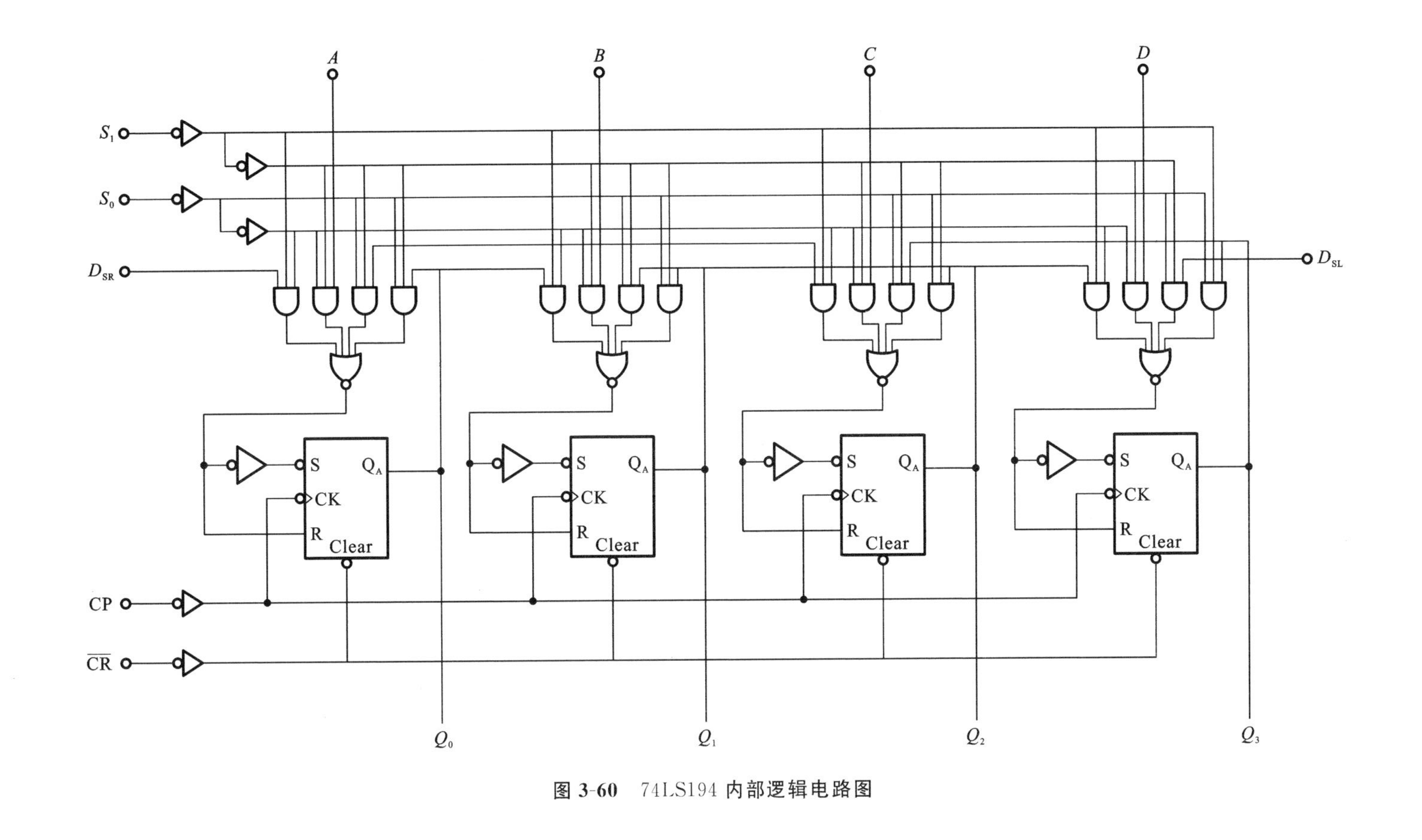

图 3-60 74LS194 内部逻辑电路图

表 3-47 74LS194 真值表

输入										输出	行
清零	控制信号		串行输入		CP	并行输入				$Q_0^{n+1}Q_1^{n+1}Q_2^{n+1}Q_3^{n+1}$	
$\overline{CR}$	S_1	S_0	D_{SR}	D_{SL}		A	B	C	D		
L	X	X	X	X	X	X	X	X	X	L L L L	1
H	L	L	X	X	X	X	X	X	X	Q_0^n Q_1^n Q_2^n Q_3^n	2
H	L	H	L	X	↑	X	X	X	X	L Q_0^n Q_1^n Q_2^n	3
H	L	H	H	X	↑	X	X	X	X	H Q_0^n Q_1^n Q_2^n	4
H	H	L	X	L	↑	X	X	X	X	Q_1^n Q_2^n Q_3^n L	5
H	H	L	X	H	↑	X	X	X	X	Q_1^n Q_2^n Q_3^n H	6
H	H	H	X	X	↑	A^*	B^*	C^*	D^*	A B C D	7

注：A^*、B^*、C^*、D^* 为上升沿来临前一时刻的 A、B、C、D。

74LS194 有五种输入模式：并行送数寄存、右移（由 Q_0 向 Q_3 方向移动）、左移（由 Q_3 向 Q_0 方向移动）、保持和清零。

2. 应用举例

移位寄存器主要用于实现数据传输方式的转换，包括串行到并行转换（简称串—并转换）和并行到串行转换（简称并—串转换）；也可以用于实现时序电路状态的周期性循环控制，即计数器。由移位寄存器构成的计数器也称移存型计数器，其特点是状态码变化具有移位特性，所以电路设计只需考虑串行输入的控制逻辑。N 位移存型计数器的每位输出都是一长列等于状态的循环数的串行序列信号（序列信号是周期循环的串行信号列，循环周期中包含的信号位数称为序列长度），只是时间上各相差一个时钟周期，所以序列信号发生器也可以用移存型计数器实现。

3.9.5 实验内容

（1）先将 74LS194 置初值 0111，然后通过右移，记录下 74LS194 的状态，再左移，记录下 74LS194 的状态，完成表 3-48。

表 3-48 74LS194 不同模式下的状态

清除	模式		时钟	串行		输入	输出
$\overline{CR}$	S_1	S_2	CP	D_{SL}	D_{SR}	$DI_0DI_1DI_2DI_3$	$Q_0Q_1Q_2Q_3$
0	X	X	X	X	X	XXXX	
1	1	1	↑	X	X	0 1 1 1	
1	0	1	↑	X	0	XXXX	
1	0	1	↑	X	1	XXXX	
1	0	1	↑	X	0	XXXX	
1	0	1	↑	X	0	XXXX	
1	1	0	↑	1	X	XXXX	

续表

清除	模 式		时钟	串 行		输 入	输 出
$\overline{CR}$	S_1	S_2	CP	D_{SL}	D_{SR}	$DI_0DI_1DI_2DI_3$	$Q_0Q_1Q_2Q_3$
1	1	0	↑	1	X	XXXX	
1	1	0	↑	1	X	XXXX	
1	1	0	↑	1	X	XXXX	
1	0	0	↑	X	X	XXXX	

(2) 将两片 74LS194 扩展成一个八位的双向移位寄存器，测试它的功能，自拟表格并记录。

(3) 用一片 74LS194 设计环形计数器，给定初值为 $Q_0Q_1Q_2Q_3=1000$，74LS194 设计环形计数器状态表如表 3-49 所示。

表 3-49 74LS194 设计环形计数器状态表

CP	Q_0	Q_1	Q_2	Q_3
0	1	0	0	0
1	0	1	0	0
2	0	0	1	0
3	0	0	0	1
4	1	0	0	0

(4) 实现数据的串行、并行转换。

① 串行输入、并行输入。

设计一个八位的移位电路，进行右移串入并出实验，串入数码自定；改接线路用左移方式实现并行输出。自拟表格，并将输入/输出数据记录下来。

② 并行输入、串行输出。

设计一个八位的移位电路，进行右移并入串出实验，并入数码自定；改接线路用左移方式实现串行输出。自拟表格，并将输入/输出数据记录下来。

3.9.6 实验思考

(1) 如何用触发器及若干小规模逻辑门设计一个双向移位寄存器？

(2) 一片 74LS194 最多能构成几进制计数器？如何设计电路？

3.10 555 定时器基本应用

本节属于 555 定时器的简单应用实验。555 定时器是模拟电路和数字电路相结合的中规模集成电路，使用灵活，逻辑功能强，内部的比较器灵敏度较高，采用差分电路形式，其构成的多谐振荡器的振荡频率受电源电压和温度的影响很小，可以很方便地组成各种电路。下面主要对 555 芯片构成触发器和振荡器进行讲解。

3.10.1 实验目的

（1）掌握 555 集成时基电路结构、工作原理及其特点。
（2）掌握 555 集成时基电路的基本应用。

3.10.2 实验设备及器材

（1）NE555，2 片。
（2）电阻、电位器，若干。
（3）数字电路实验箱，1 台。
（4）双踪示波器，1 台。

3.10.3 实验预习要求

（1）通过查找相关资料，了解 NE555 芯片的内部工作原理。
（2）通过查找相关资料，了解 NE555 芯片应用的基本电路。
（3）思考 555 构成的多谐振荡器中，如何改变振荡周期与占空比。
（4）思考如何用示波器测定施密特触发器的电压传输特性曲线。

3.10.4 实验原理

555 集成时基芯片也称为集成定时器，是一种数字、模拟混合型的中规模集成电路，因为 555 集成时基芯片内部的参考电压标准使用了 3 个 5 kΩ 的电阻，故取名 555 芯片。555 芯片使用灵活、方便，只需外接少量的阻容元件就可以构成单稳、多谐和施密特触发器，因而广泛应用于信号的产生、变换、控制与检测领域，其应用十分广泛。

555 集成时基芯片有双极型和 CMOS 型两大类。双极型和 CMOS 型两大类的结构和工作原理相似，逻辑功能和引脚排列也完全相同，易于互换。几乎所有的双极型 555 产品型号的最后 3 位数码标以 555 或 556；CMOS 型产品的最后 4 位数码标以 7555 或 7556。其中 555 和 7555 是单定时器，556 和 7556 含有两个 555 时基芯片，是双定时器。

1. 工作原理

以双极性 555 芯片为例，555 芯片内部结构图及其引脚图如图 3-61 所示。它含有两个电压比较器（高电平比较器 C_1 和低电平比较器 C_2），另外还有一个基本 RS 触发器（G_1、G_2）和一个放电开关 T。

比较器由三只串联的 5 kΩ 的电阻器构成的分压器提供参考电压，使 C_1 同相输入端的参考电平为 $\frac{2}{3}V_{CC}$，使 C_2 反相输入端的参考电平为 $\frac{1}{3}V_{CC}$。

T_H 为高电平比较器 C_1 的反相输入端，当 T_H 输入信号超过同相输入端 U_{IC} 的参考电平时，触发器复位，555 输出端 3 脚输出低电平，同时放电开关导管截止。

$\overline{R_D}$ 为低电平复位端，正常工作时接入 V_{CC} 或开路；当接入低电平时，触发器输入的 2、5、6 引脚将不起作用，555 输出低电平，同时放电开关管导通。

U_{IC} 是控制电压端，平时作为比较器 C_1 的比较端的同相输入端，输入 $\frac{2}{3}V_{CC}$ 并提供

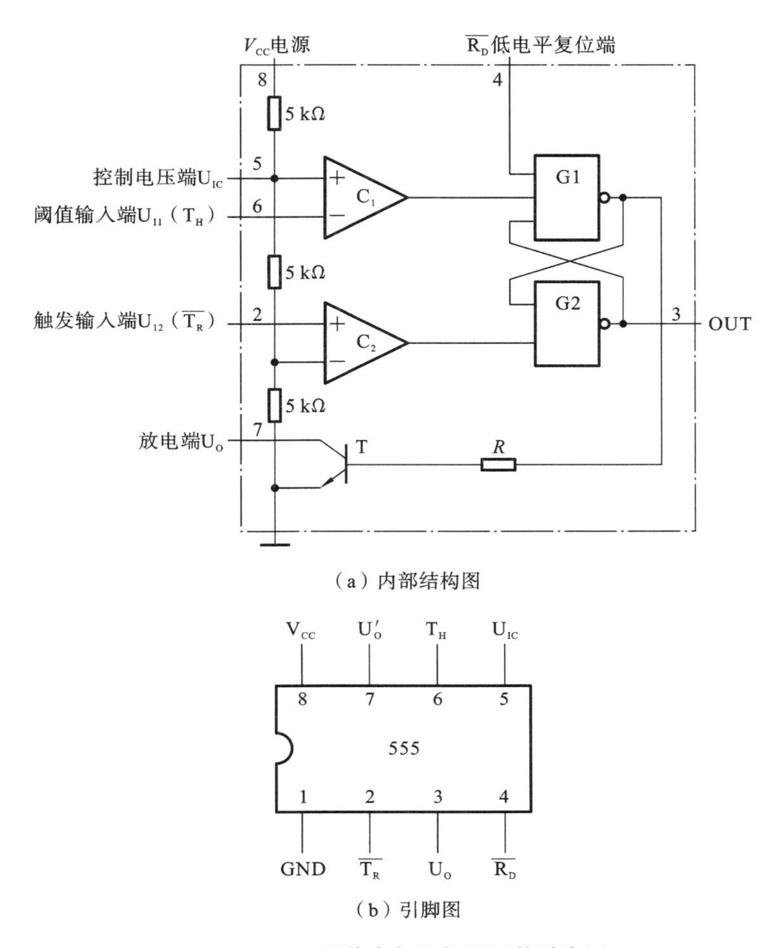

（a）内部结构图

（b）引脚图

图 3-61　555 芯片内部结构图及其引脚图

参考电平，通常该处引脚外接一个 0.01 μF 的电容器到地，起滤波作用，以消除外界干扰，保证参考电平的稳定。

T 为放电开关管，当 T 导通时，将为与 7 引脚相接的电容器提供低阻放电通路。

2. 555 定时器的典型应用

1）单稳态触发器

单稳态触发器构成图如图 3-62(a)所示，外接 R、C 元件构成单稳态触发器。其中 D 为钳位二极管，稳态时 555 电路输入端处于电源 V_{CC}，内部放电开关管 T 导通，输出端 OUT 输出低电平。当单稳态触发器有一个外部负脉冲触发信号经 C_1 加到 2 端，并使 2 端电位瞬时低于$\frac{1}{3}V_{CC}$时，低电平比较器工作，单稳态电路开始一个暂态过程，电容 C 开始充电，V_C呈指数规律增长。当单稳态触发器的 V_C充电到$\frac{2}{3}V_{CC}$时，高电平比较器动作，比较器 A_1翻转，输出 V_O从高电平返回到低电平，放电开关管 T 重新导通，电容 C 上的电荷很快经放电开关管放电，暂态结束，恢复稳态，为下个触发脉冲的到来做好准备。单稳态触发器波形图如图 4-62(b)所示。

暂稳态的持续时间 T_W（即为延时时间）决定外接元件 R、C 值的大小，其关系式

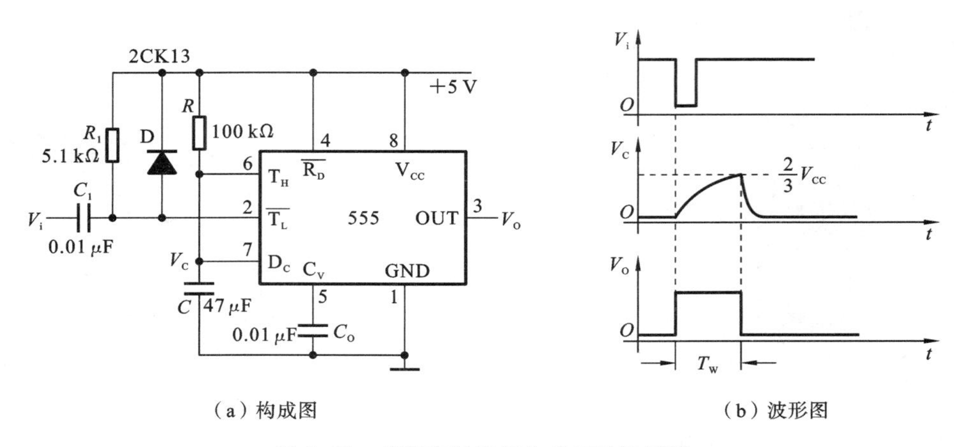

（a）构成图　　　　（b）波形图

图 3-62　单稳态触发器构成图及波形图

如下：

$$T_W = RC\ln3 \approx 1.1RC$$

通过改变 R、C 值的大小，可使延时时间在几微秒到几十分钟之间变化。当这种单稳态电路作为计时器时，可直接驱动小型继电器，并可以使用复位端（4 脚）接地的方法来终止暂态，重新计时。此外，还需用一个续流二极管与继电器线圈并联，以防继电器线圈反电势损坏内部功率管。

2）多谐振荡器

多谐振荡器构成图及其波形图如图 3-63 所示。外接 R、C 元件构成多谐振荡器。电路没有稳态，仅存在两个暂稳态，电路不需要外加触发信号，利用电源通过 R_1、R_2 向 C 充电，以及 C 通过 R_2 向放电端（C_1）放电，使电路产生振荡。接通电源后，电容 C 充电，U_C 上升至 V_{CC} 时，触发器复位，U_O 为低电平，电容 C 通过 R_2 和 T 放电，使 U_C 下降至 $\frac{2}{3}V_{CC}$ 时，触发器置位，U_O 翻转为高电平。电容 C 放电所需时间为

$$T_{W_2} = R_2C\ln2 \approx 0.7R_2C$$

当电容 C 放电结束时，T 截止，将电源 V_{CC} 通过 R_1、R_2 向 C 通电，U_C 由 $\frac{1}{3}V_{CC}$ 上升

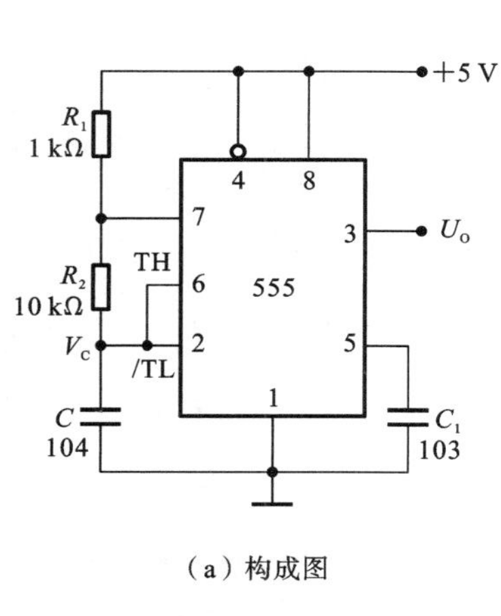

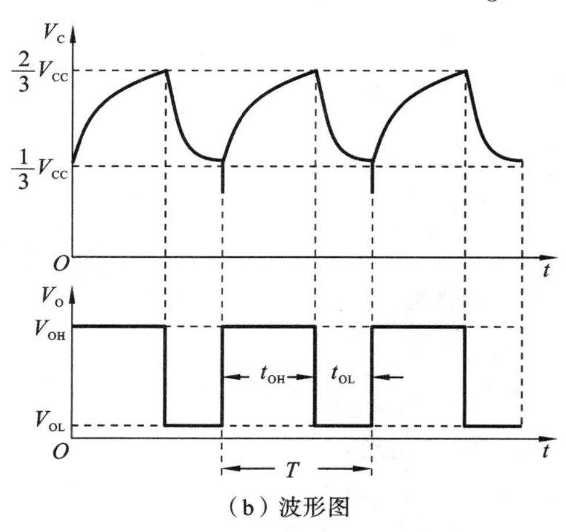

（a）构成图　　　　（b）波形图

图 3-63　多谐振荡器及其波形图

到$\frac{2}{3}V_{CC}$所需的时间为

$$T_{W_1}=(R_1+R_2)C\ln2\approx0.7(R_1+R_2)C$$

当U_C上升到$\frac{2}{3}V_{CC}$时，触发器又发生翻转，如此周而复始，在输出端就得到一个周期性的方波，其频率为

$$f=\frac{1}{t_{W_1}+t_{W_2}}=\frac{1}{(R_1+R_2)C\ln2}\approx\frac{1}{0.7(R_1+R_2)C}$$

通过改变R和C的参数即可改变振荡频率。555电路要求R_1与R_2的值均应大于或等于1 kΩ，但R_1+R_2的值应小于或等于3.3 MΩ。因为555定时器内部的比较器灵敏度比较高，而且采用差分电路形式，所以555电路的振荡频率受电源电压和温度变化的影响很小。

3）施密特触发器

只要将引脚2、6连接在一起作为信号输入端，即得到施密特触发器，施密特触发器构成图及其波形图如图3-64所示。

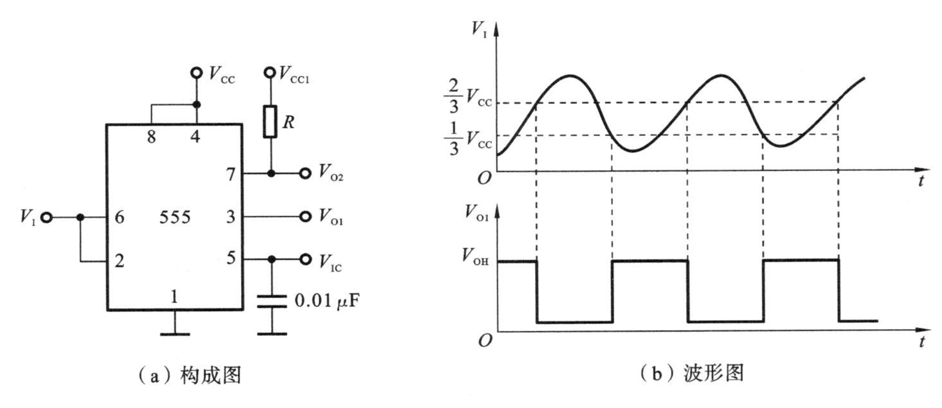

（a）构成图　　（b）波形图

图3-64　施密特触发器构成图及其波形图

将被整形变换后电压为正弦波的V_I作为输入信号输入到引脚2、6，当V_I上升到$\frac{2}{3}V_{CC}$时，V_{O1}从高电平翻转为低电平；当V_I下降到$\frac{1}{3}V_{CC}$时，V_{O1}又从高电平翻转为高电平。回差电压为

$$\Delta V=V=\frac{2}{3}V_{CC}-\frac{1}{3}V_{CC}=\frac{1}{3}V_{CC}$$

3.10.5 实验内容

1. 单稳态触发器

单稳态触发器电路按图3-62接线，用示波器观察并记录V_i、V_C、V_O的波形，测定幅度及暂稳时间。

将R改为1 kΩ，C改为0.1 μF，输入端加1 kHz的连续脉冲，观测V_i、V_C、V_O的波形，测定幅度及暂稳时间。

2. 多谐振荡器

555构成多谐振荡器电路按图3-63接线，用示波器观察并记录V_C、V_O的波形，测

定频率。

3. 施密特触发器

555 构成施密特触发器电路按图 3-64 接线，555 构成施密特触发器的输入信号由音频信号源提供，调节信号频率为 1 kHz，逐渐加大信号幅度，观测输出波形，依次记录 8 组数据，观测电压传输特性，算出回差电压 ΔV。

4. 由 555 构成的滤波电路

由 555 构成的滤波电路如图 3-65 所示，提供频率为 1 kHz，幅值为 500 mV 的干扰信号，观察滤波前后的信号。

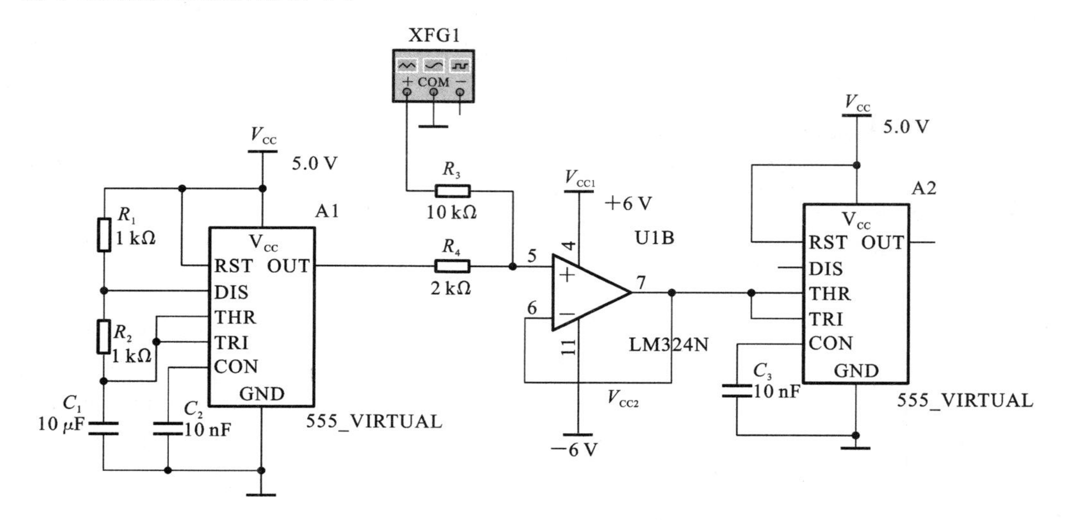

图 3-65 由 555 构成的滤波电路

3.10.6 实验思考

（1）用 555 组成的斯密特触发器，从逻辑功能上讲，相当于什么门？

（2）按实验线路所组成的 555 多谐振荡器，在其输出方波信号的一个周期内，高电平持续时间和低电平持续时间哪个更长，原因是什么？

（3）555 单稳态触发器的触发信号是正脉冲还是负脉冲？是否属于可重复触发的单稳态？

4

学科综合实验

4.1 三人表决器

三人表决器是用简单逻辑门电路组合而成的具有一定功能的器件。本节通过介绍三人表决器的功能，将逻辑函数式变为门电路来实现三人表决器目标功能，以培养学生的动手能力，帮助学生掌握组合逻辑门电路的设计方法。本节利用 74LS08 和 74LS32 芯片来设计三人表决器。

4.1.1 实验目的

(1) 掌握用基本门电路进行组合电路的设计方法。

(2) 初步掌握数字电路的实验方法。

(3) 通过实验验证设计的正确性。

(4) 训练正确接线与排除故障的能力。

4.1.2 实验设备及器材

(1) 74LS08，若干。

(2) 74LS32，若干。

(3) 3DG12 发光二极管，若干。

(4) 数字电路实验箱，1 台。

4.1.3 实验预习要求

(1) 了解 74LS08、74LS32 的逻辑功能及外部引脚排列。

(2) 掌握 74LS08、74LS32 在实际工作中的应用。

(3) 设计数字电路逻辑电路图。

4.1.4 实验原理

组合逻辑电路的设计过程正好与组合逻辑电路分析过程相反，它是根据给出的实际逻辑问题，求出实现这一逻辑功能的最简逻辑电路。

这里所说的“最简”，是指电路所用的器件数最少、器件的种类最少、器件之间的连线最少。组合逻辑电路的设计通常可按如下步骤进行。

（1）进行逻辑抽象。首先，分析事件的因果关系，确定输入变量和输出变量；其次，定义逻辑状态的含义；最后，根据给定的因果关系列出真值表。

（2）画出卡诺图，写出最简表达式。

（3）根据实验箱提供的器件选择逻辑电路需要的合适器件。

（4）根据所选器件将最简表达式变换成适当的形式。

在使用小规模集成电路进行设计时，为获得最简的数字电路设计结果，应将表达式化成适当形式。如果器件的种类有限制，则还应将表达式变换成与器件种类相适应的形式。

4.1.5 实验方案

进行某些提案或做出某种决议的方法具有共同的特点，就是遵循少数服从多数的原则，但是如果通过举手表决的方式进行表决或者通过书写方式进行表决，往往会出现矛盾，这时多数表决器的应用就起到了重要作用。三人表决器的功能表述为，当 A、B、C 三人表决某个提案时，两人或两人以上同意，提案通过，否则提案不通过。

三人表决器原理框图如图 4-1 所示。其原理为：接通电源后，裁判 A、B、C 三人可同时对事件进行裁决，如果有两人及以上同意则灯亮，否则灯暗。

在使用小规模集成的门电路进行设计时，为获得最简的设计结果，应将函数式化成最简形式，即函数式中相加的乘积项最少，而且每个乘积项的因子也最少，最后将逻辑函数式变为门电路相对应的形式再进行设计。用门电路设计的三人表决器电路逻辑图如图 4-2 所示。A、B、C 分别输入高、低电平信号，高电平为有效电平，低电平为无效电平。从 L 端输出结果，输出高电平有效，输出低电平无效。

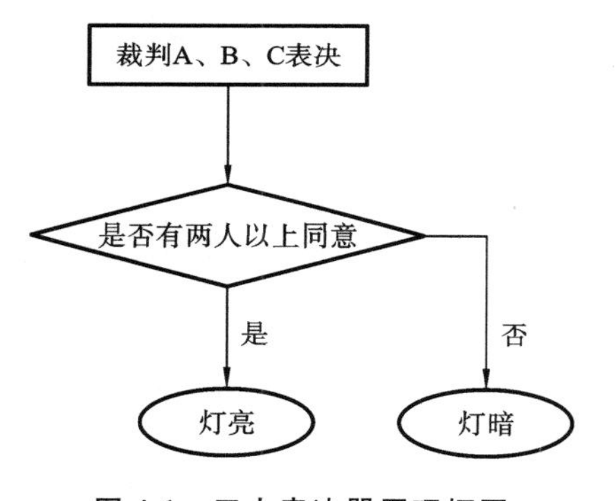

图 4-1 三人表决器原理框图

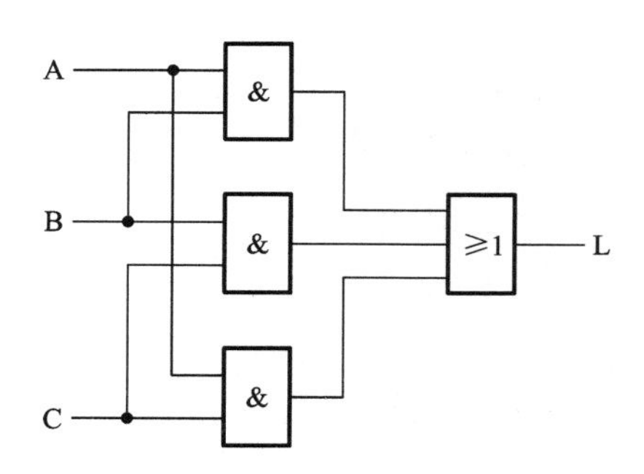

图 4-2 三人表决器逻辑电路逻辑图

4.1.6 实验任务

（1）试用其他设计方法在数字电路实验箱上实现三人表决器。

（2）根据实验任务列出真值表，写出最简表达式，并根据所给器件画出逻辑图。

（3）尽可能多地列出其他设计方案。

4.1.7 实验报告

（1）完成实验任务，并说明实验过程，画出实验接线图。

(2) 记录实验过程中出现的问题及解决方法，对实验结果进行分析，总结实验心得。

(3) 尝试设计四人表决器，列出其逻辑功能表，观察其与三人表决器的异同，并思考多人表决器的搭建需要满足的条件。

4.2 简单门电路的比较器设计

数字系统中，特别是计算机中常需要对两个数的大小进行比较。数值比较器就是对两个二进制数 A、B 进行比较的逻辑电路，其比较结果有 $A>B$、$A<B$、和 $A=B$ 三种情况。本节主要通过常用小规模逻辑组合电路以及中规模逻辑组合电路来设计数值比较器。

4.2.1 实验目的

(1) 掌握基本门电路组合电路的设计方法。
(2) 初步掌握数字电路的实验方法。
(3) 通过实验验证设计的正确性。
(4) 训练正确接线与排除故障的能力。

4.2.2 实验设备及器材

(1) 74LS00，四二输入与非门，若干。
(2) 74LS02，四二输入或非门，若干。
(3) 74LS04，六反相器，若干。
(4) 3DG12，发光二极管，若干。
(5) 数字电路实验箱，1 台。

4.2.3 实验预习要求

(1) 复习组合电路的设计方法。
(2) 熟练掌握数值比较器的原理。
(3) 设计数字电路逻辑电路图。

4.2.4 实验原理

对两个或多个数据项进行对比，以确定它们是否相等，或确定它们之间的大小关系及排列顺序的过程称为比较。能够实现这种比较功能的电路或装置称为比较器。

常用的比较器有四位数比较器和八位数比较器等。本次实验将详细介绍四位数比较器。

四位数比较器是对两个四位二进制数 $A_3A_2A_1A_0$ 与 $B_3B_2B_1B_0$ 进行比较，比较原理与两位数比较器相同。从 A 的最高位 A_3 和 B 的最高位 B_3 进行比较，如果它们不相等，则该位的比较结果可以作为两数的比较结果；若最高位 $A_3=B_3$，则比较次高位 A_2 和 B_2；以此类推。显然，如果两数相等，那么必须将比较进行到最低位才能得到结果。可以得出：

$$F_{A>B}=F_{A_3>B_3}+F_{A_3=B_3}F_{A_2>B_2}+F_{A_3=B_3}F_{A_2=B_2}F_{A_1>B_1}+F_{A_3=B_3}F_{A_2=B_2}F_{A_1=B_1}F_{A_0>B_0}+F_{A_3=B_3}F_{A_2=B_2}F_{A_1=B_1}F_{A_0=B_0}I_{A>B}$$

$$F_{A<B}=F_{A_3<B_3}+F_{A_3=B_3}F_{A_2<B_2}+F_{A_3=B_3}F_{A_2=B_2}F_{A_1<B_1}+F_{A_3=B_3}F_{A_2=B_2}F_{A_1=B_1}F_{A_0<B_0}+F_{A_3=B_3}F_{A_2=B_2}F_{A_1=B_1}F_{A_0=B_0}I_{A<B}$$

$$F_{A=B}=F_{A_3=B_3}F_{A_2=B_2}F_{A_1=B_1}F_{A_0=B_0}I_{A=B}$$

$I_{A>B}$、$I_{A<B}$和$I_{A=B}$称为扩展输入端，是来自低位的比较结果。扩展输入端与其他数值比较器的输出端连接，以便组成位数更多的数值比较器。若仅对四位数进行比较，则应对$I_{A>B}$、$I_{A<B}$、$I_{A=B}$进行适当处理，即$I_{A>B}=I_{A<B}=0$，$I_{A=B}=1$。

4.2.5 实验方案

(1) 设计一位数的比较电路，要求三个输入$A>B$、$A<B$、$A=B$分别对应三个输出$F_{A>B}$、$F_{A<B}$、$F_{A=B}$。一位数比较器的真值表如表4-1所示。

若$A>B$，则$F_{A>B}=1$，其余为0。

若$A<B$，则$F_{A<B}=1$，其余为0。

若$A=B$，则$F_{A=B}=1$，其余为0。

表 4-1 一位数比较器的真值表

输入		输出		
A	B	$F_{A>B}$	$F_{A<B}$	$F_{A=B}$
0	0	0	0	1
0	1	0	1	0
1	0	1	0	0
1	1	0	0	1

在设计中，只要有利于降低成本的措施都应采取，并加以利用。一位数比较器的逻辑电路如图4-3所示。

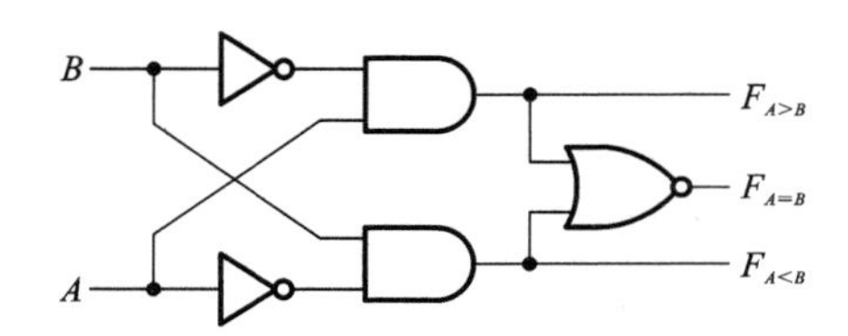

图 4-3 一位数比较器的逻辑电路

(2) 设计两位数($A=A_1A_0$，$B=B_1B_0$)的比较电路。要求三个输入$A>B$、$A<B$、$A=B$分别对应3个输出$F_{A>B}$、$F_{A<B}$、$F_{A=B}$。两位数比较器的真值表如表4-2所示。

若$A>B$，则$F_{A>B}=1$，其余为0。

若$A<B$，则$F_{A<B}=1$，其余为0。

若$A=B$，则$F_{A=B}=1$，其余为0。

两位数比较器的逻辑电路如图4-4所示。电路利用了一位数比较器的输出作为中间结果。它所依据的原理是，如果两位数A_1A_0和B_1B_0的高位不相等，则高位比较结果就是两数比较结果，与低位无关。这时，高位输出$F_{A_1=B_1}=0$，使与门G_1、G_2、G_3均封锁，

表 4-2 两位数比较器的真值表

输入		输出		
A_1B_1	A_0B_0	$F_{A>B}$	$F_{A<B}$	$F_{A=B}$
$A_1>B_1$	X	1	0	0
$A_1<B_1$	X	0	1	0
$A_1=B_1$	$A_0>B_0$	1	0	0
$A_1=B_1$	$A_0<B_0$	0	1	0
$A_1=B_1$	$A_0=B_0$	0	0	1

或门都打开，低位比较结果不影响或门，高位比较结果从或门直接输出。如果高位相等，即 $F_{A_1=B_1}=1$，则使与门 G_1、G_2、G_3 均打开，同时由 $F_{A_1>B_1}=0$ 和 $F_{A_1<B_1}=0$ 作用，或门也打开，低位的比较结果直接送达输出端。低位的比较结果即为两数比较结果。

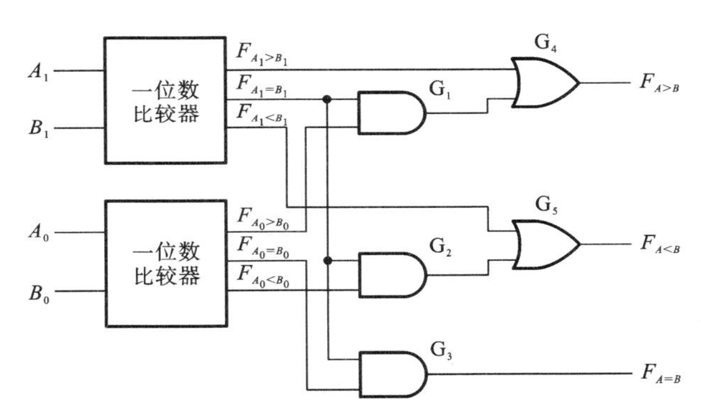

图 4-4 两位数比较器的逻辑电路

4.2.6 实验任务

（1）利用所给芯片重新设计两个一位数比较电路和两个两位数比较电路。

（2）根据重新设计的比较电路列出真值表，写出最简表达式，并根据所给器件画出逻辑电路图。

（3）在数字电路实验箱上实现比较电路。

4.2.7 实验报告

（1）完成实验任务，并说明实验过程，画出实验接线图。

（2）观察实验过程中一位数比较电路和两位数比较电路的特征。总结比较器的异同点，并思考如何利用并联的方式扩展数值比较器的位数。

（3）记录实验过程中出现的问题及解决方法，对实验结果进行分析，总结实验心得。

4.3 两个一位数的全加器设计

全加器是组合电路中的基本元器件，也是 CPU 中处理加法运算的核心，理解、掌握并熟练运用全加器是数字电子技术课程最基本的要求。本节将简单介绍全加器的概念，并重点分析全加器的设计。

4.3.1 实验目的

（1）掌握数据选择器的分析方法与设计方法。

（2）学习用集成逻辑门安装、调试逻辑电路，并测试其逻辑功能。

（3）通过实验验证设计的正确性。

（4）训练正确接线与排除故障的能力。

4.3.2 实验设备及器材

（1）74LS153，2 片。

（2）74LS151，1 片。

（3）74LS139，1 只。

（4）数字电路实验箱，1 台。

4.3.3 实验预习要求

（1）预习全加器的使用方法。

（2）根据实验任务要求设计电路，并根据所给的实验器材画出逻辑电路图。

4.3.4 实验原理

1. 74LS151 简介

74LS151 为互补输出的 8 选 1 数据选择器，其芯片引脚排列如图 4-5 所示，真值表如表 4-3 所示。选择控制端（地址端）为 C～A，按二进制译码，从 8 个输入数据 D_0～D_7 中选择一个需要的数据送到输出端 Q，$\bar{S}$ 为使能端，低电平有效。

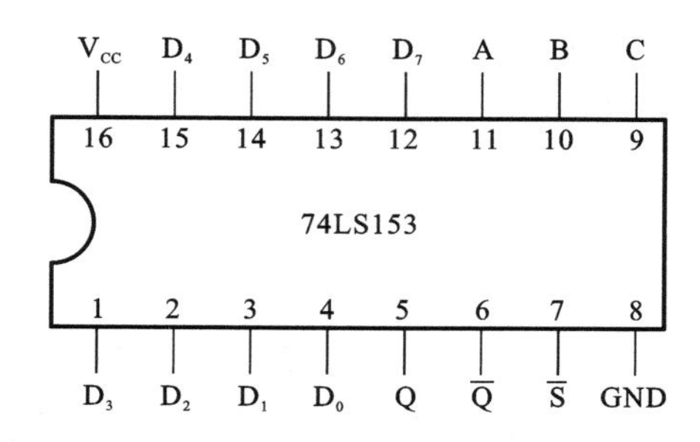

图 4-5 74LS151 的芯片引脚排列

（1）74LS151 的使能端输出为 $\bar{S}=1$ 时，不论 C～A 状态如何，均无输出（$Q=0$，$\bar{Q}=1$），多路开关被禁止。

（2）74LS151 的使能端输出为 $\bar{S}=0$ 时，多路开关正常工作，根据地址端 C、B、A 的状态选择 D_0～D_7 中某一个通道的数据输送到输出端 Q。

表 4-3　74LS151 真值表

输入				输出	
S_D	C	B	A	Q	$\bar{Q}$
1	X	X	X	0	0
0	0	0	0	D_0	$\bar{D}_0$
0	0	0	1	D_1	$\bar{D}_1$
0	0	1	0	D_2	$\bar{D}_2$
0	0	1	1	D_3	$\bar{D}_3$
0	1	0	0	D_4	$\bar{D}_4$
0	1	0	1	D_5	$\bar{D}_5$
0	1	1	0	D_6	$\bar{D}_6$
0	1	1	1	D_7	$\bar{D}_7$

如果 $CBA=000$，则选择数据 D_0 到输出端，即 $Y=D_0$。

如果 $CBA=001$，则选择数据 D_1 到输出端，即 $Y=D_1$，其余类推。

2. 74LS153 简介

74LS153 是集成双 4 选 1 数据选择器。选通控制端 $\bar{S}$ 为低电平有效，即 $\bar{S}=0$ 时芯片被选中且处于工作状态；$\bar{S}=1$ 时芯片被禁止，$Y=0$。74LS153 的芯片引脚排列如图 4-6 所示。

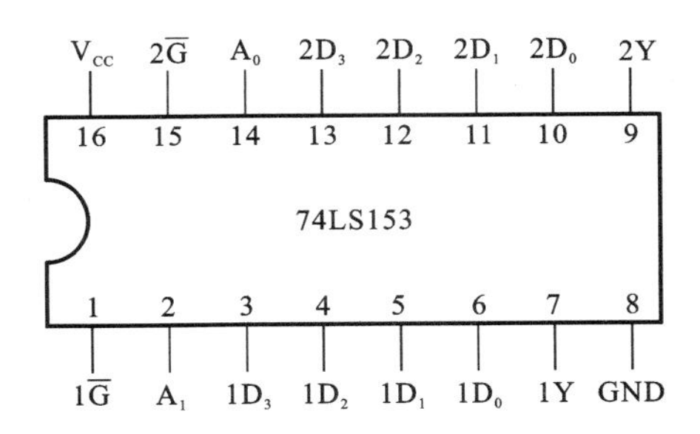

图 4-6　74LS153 的芯片引脚排列

4 选 1 数据选择器的真值表如表 4-4 所示。

表 4-4　4 选 1 数据选择器的真值表

输入				输出
$\bar{E}$	D	S_1	S_0	Y
1	X	X	X	0
0	I_0	0	0	I_0
0	I_1	0	1	I_1
0	I_2	1	0	I_2
0	I_3	1	1	I_3

地址端决定从四路输入中选择哪路输出，逻辑表达式为

$$Y=\overline{\overline{E}}\cdot(I_0\overline{A_1}\,\overline{A_0}+I_1\overline{A_1}A_0+I_2A_1\overline{A_0}+I_3A_1A_0)=\overline{\overline{E}}\cdot\sum_{i=0}^{3}D_im_i$$

4 选 1 数据选择器逻辑图如图 4-7 所示。

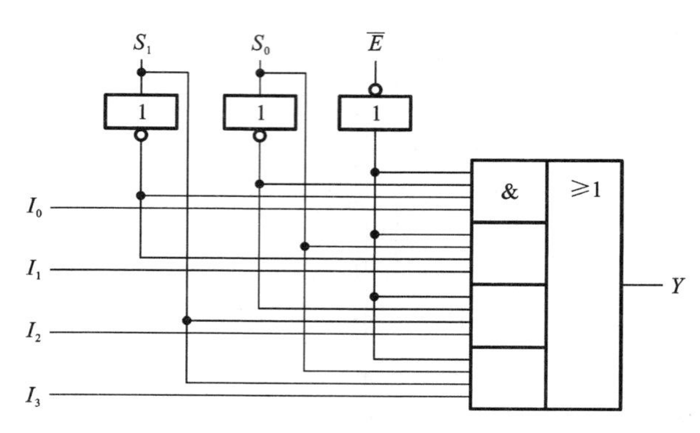

图 4-7　4 选 1 数据选择器逻辑图

4.3.5　实验方案

两个多位二进制数相加时，除了最低位以外，其他每一位相加时都需要考虑低位的进位，即将加数、被加数和低位的进位三个数相加，这种加法运算称为全加运算，实现全加运算的电路称为全加器。

用门电路实现两个二进制数相加并求出和的组合线路称为一位全加器。一位全加器可以处理低位进位，并输出本位加法进位。多个一位全加器进行级联可以得到多位全加器。常用的有二进制四位全加器 74LS283。

二进制四位全加器 74LS283 的真值表如表 4-5 所示。

表 4-5　二进制四位全加器 74LS283 的真值表

输　入			输　出	
A_i	B_i	C_{i-1}	S_i	C_i
0	0	0	0	0
0	0	1	1	1
0	1	0	1	1
0	1	1	0	1
1	0	0	1	0
1	0	1	0	0
1	1	0	0	0
1	1	1	1	0

4.3.6　实验任务

（1）使用所给芯片和器材设计一个一位数的加法器，并测试电路的逻辑功能。

（2）使用所给芯片和器材设计一个一位数的减法器，并测试电路的逻辑功能。

(3) 用一片 74LS139 和两片 74LS153 扩展成一个 16 选 1 的数据选择器。

4.3.7 实验报告

(1) 完成实验任务,并说明实验过程,画出实验接线图。

(2) 思考全加器与半加器的区别,说明它们各有什么优缺点;思考加法器和减法器功能不同的关键点,说明它们可以运用于什么场景。

(3) 记录实验过程中出现的问题及解决方法,对实验结果进行分析,总结实验心得。

4.4 74LS138 的两个两位数的比较器设计

在数字系统中,对两个一位数进行比较运用得最多,但很多时候还需要进行两个两位数的比较。两个两位数的比较需要较多的输入端口,此时只用简单逻辑门来设计并不合适,此时就需要用到较复杂的 74LS138 芯片来进行设计。本节主要通过 74LS138 和简单逻辑门来设计两个两位数的比较器,最后通过发光二极管显示比较结果。

4.4.1 实验目的

(1) 掌握基本门电路组合的设计方法。

(2) 初步掌握数字电路的实验方法。

(3) 通过实验验证设计的正确性。

(4) 训练正确接线与排除故障的能力。

4.4.2 实验设备及器材

(1) 发光二极管 3DG12,若干。

(2) 3 线-8 线译码器 74LS138,若干。

(3) 其他门电路,若干。

(4) 数字电路实验箱,1 台。

4.4.3 实验预习要求

(1) 复习组合电路的设计方法。

(2) 复习 74LS2138 的功能与运用。

(3) 学会不同比较器的设计方法。

(4) 根据实验任务要求设计电路,并根据所给的实验器材画出逻辑电路图。

4.4.4 实验原理

3 线-8 线译码器有三位二进制输入 $A_2A_1A_0$,它们有 8 种组合状态,可译出 8 个输出信号 $\overline{Y}_0 \sim \overline{Y}_7$,输出为低电平有效。此外,3 线-8 线译码器还设置了 3 个输入使能端 E_3、$\overline{E}_2$、$\overline{E}_1$,并且 $E=E_3\overline{\overline{E}_2\overline{E}_1}$,为扩展电路提供了方便,由逻辑图知

$$\overline{Y_0}=\overline{E\overline{A}_2\overline{A}_1\overline{A}_0}$$

$$\overline{Y_1}=\overline{E\overline{A}_2\overline{A}_1A_0}$$

$$\overline{Y}_3=\overline{E\overline{A}_2A_1\overline{A}_0}$$

$$\overline{Y_4}=\overline{E\overline{A}_2A_1A_0}$$

$$\overline{Y}_5=\overline{EA_2\overline{A}_1A_0}$$

$$\overline{Y_6}=\overline{EA_2A_1A_0}$$

$$\overline{Y}_7=\overline{EA_2A_1A_0}$$

根据上述式子可以列出 3 线-8 线译码器的功能表，如表 4-6 所示。

表 4-6　3 线-8 线译码器的功能表

输入						输出							
使能			选位										
S_0	S_1	S_2	C	B	A	Y_0	Y_1	$\overline{Y}_2$	$\overline{Y_3}$	$\overline{Y_4}$	$\overline{Y_5}$	$\overline{Y}_6$	$\overline{Y_7}$
X	1	X	X	X	X	1	1	1	1	1	1	1	1
X	X	1	X	X	X	1	1	1	1	1	1	1	1
0	X	X	X	X	X	1	1	1	1	1	1	1	1
1	0	0	0	0	0	0	1	1	1	1	1	1	1
			0	0	1	1	0	1	1	1	1	1	1
			0	1	0	1	1	0	1	1	1	1	1
			0	1	1	1	1	1	0	1	1	1	1
			1	0	0	1	1	1	1	0	1	1	1
			1	0	1	1	1	1	1	1	0	1	1
			1	1	0	1	1	1	1	1	1	0	1
			1	1	1	1	1	1	1	1	1	1	0

74LS138 的芯片引脚图如图 4-8 所示。

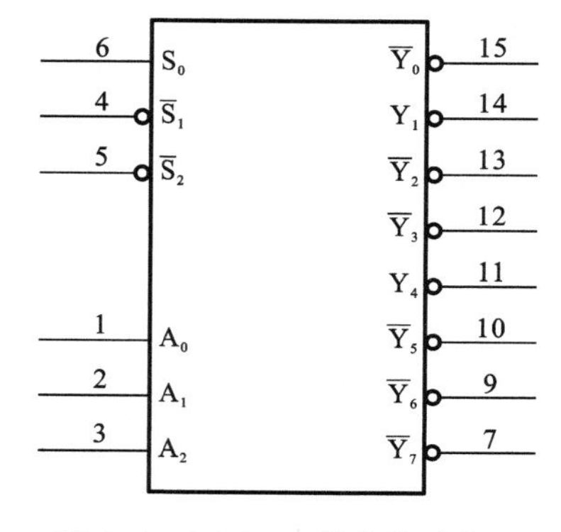

图 4-8　74LS138 的芯片引脚图

4.4.5　实验方案

设计两位数($A=X_2X_1$，$B=Y_2Y_1$)的比较电路，要求有 $A>B$、$A<B$、$A=B$ 三个输

出，分别对应三个输出端 $F_{A>B}$、$F_{A<B}$、$F_{A=B}$。

若 $A>B$，则 $F_{A>B}=1$，其余为 0。

若 $A<B$，则 $F_{A<B}=1$，其余为 0。

若 $A=B$，则 $F_{A=B}=1$，其余为 0。

利用 74LS138 设计一个两位数的比较电路，需要灵活运用其使能端。两位数的比较电路如图 4-9 所示。

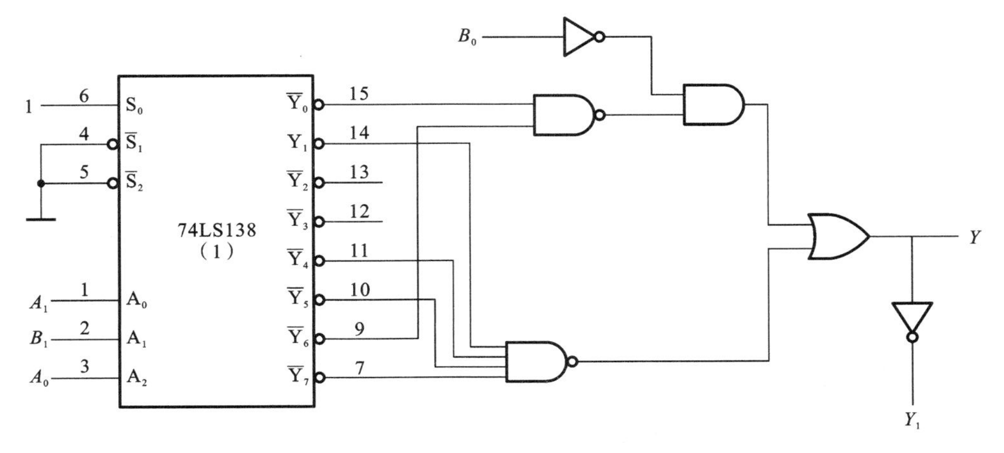

图 4-9 两位数的比较电路

4.4.6 实验任务

(1) 利用 74LS138 和其他门电路设计两个两位数的比较器。

(2) 根据实验任务列出真值表，写出最简表达式，并根据所给器件画出逻辑图。

(3) 在数字电路实验箱上实现两个两位数的比较电路。

4.4.7 实验报告

(1) 完成实验任务，并说明实验过程，画出实验接线图。

(2) 说明 74LS138 除了可以设计两位数的比较器，还可以设计什么逻辑功能，给出两个例子。思考如何使用两个两位数的比较器，采用串联或并联的方式进行位数扩展。并联或串联后，比较器的输入到稳定的延迟时间如何变化。

(3) 记录实验过程中出现的问题及解决方法，对实验结果进行分析，总结实验心得。

4.5 用集成触发器设计分频电路

数字电路中往往需要多种频率的时钟脉冲作为驱动源，由此需要对触发脉冲进行分频。例如，在进行流水灯、数码管动态扫描设计时不能直接使用系统脉冲(太快导致肉眼无法识别)，这样就需要对系统时钟进行分频以得到较低频率的时钟。本节将简单介绍用计数器实现分频的原理，引领学生进一步感知分频电路的工作原理，从而对所学的知识、技术进行迁移。

4.5.1 实验目的

(1) 了解用 JK 触发器组成的二进制异步计数器的工作原理。
(2) 了解用 JK 触发器组成的二进制同步计数器的工作原理。
(3) 观察译码显示电路的工作情况。

4.5.2 实验设备及器材

(1) 双 JK 触发器 74LS112,2 片。
(2) 双 D 触发器 74LS74,2 片。
(3) 四二输入与非门 74LS00,1 片。
(4) 六反相器 741504,1 片。
(5) 数字电路实验箱,1 台。
(6) 双踪示波器,1 台。

4.5.3 实验预习要求

(1) 复习双 JK 触发器 741S12 和双 D 触发器 741S574 的逻辑功能。
(2) 复习二进制异步计数器和二进制同步计数器的工作原理。
(3) 复习数码管的工作原理。
(4) 根据实验要求设计电路,并标明集成电路的名称、引脚连接。
(5) 熟悉数字存储示波器的使用方法。

4.5.4 实验原理

数字系统中使用得最多的时序电路是计数器,计数器不仅能用于时钟脉冲计数,还能用于分额、定时,以及产生节拍脉冲和脉冲序列,进行数学运算等。

计数器的种类非常繁多。如果按计数器中的触发器是否同时翻转分类,计数器可以分为同步计数器和异步计数器。在同步计数器中,当时钟脉冲输入时,触发器的翻转是同时发生的。在异步计数器中,触发器的翻转有先有后,不是同时发生的。

如果按计数过程中计数器中的数字增、减分类,计数器可以分为加法计数器、减法计数器和可逆计数器。随着计数脉冲的不断输入,递增计数的计数器称为加法计数器;递减计数的计数器称为减法计数器;可增、可减的计数器称为可逆计数器。

如果按计数器中数字的编码方式分类,计数器还可以分为二进制计数器、十进制计数器、循环码计数器等。

此外,有时也用计数器的计数容量来区分各种不同的计数器,如十进制计数器、六十进制计数器等。

1. 异步二进制计数器

异步计数器计数时是采取从低位到高位逐位进位的方式工作的,各触发器不是同时翻转的。

图 4-10 是由 JK 触发器组成的三位异步二进制加法计数器,JK 触发器的 $J=K=1$ 得到 T′触发器。因为所有的触发器都是在时钟信号下降沿动作的,所以进位信号应从

低位的 Q 端(即 Q_0端)引出。最低位触发器 FF_0的时钟信号 CP 就是要记录的计数输入脉冲。

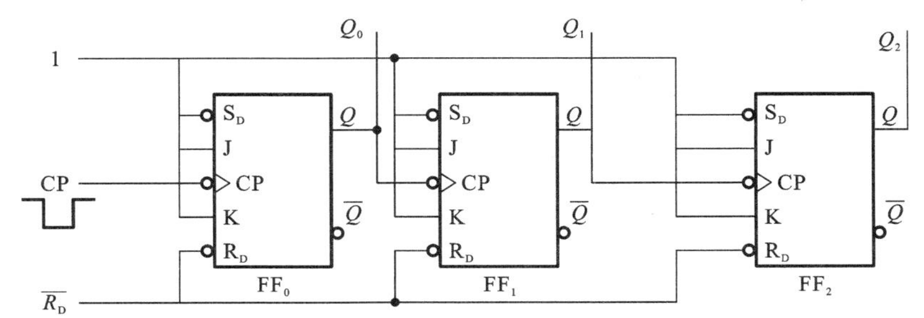

图 4-10　由 JK 触发器组成的三位异步二进制加法计数器

由 JK 触发器组成的三位异步二进制加法计数器的电路时序图如图 4-11 所示。设开始工作前各触发器均处于 0 状态(将清零信号$\overline{R_D}$置 0)。每输入一个计数脉冲 CP,FF_0就向相反的状态翻转一次;当 Q_0由 1 变为 0 时,就会向 FF_1的时钟脉冲端输入一个下降沿脉冲,FF_1 向相反的状态翻转一次;同样,当 Q_0由 1 变为 0 时,就会向 FF_2的时钟脉冲端输入一个下降沿脉冲,FF_2 向相反的状态翻转一次。

根据图 4-11,可以画出该电路状态转换图,如图 4-12 所示。该计数器有 8 个状态,是八进制计数器,也称为三位二进制计数器。从时序图中可以看出,Q_0、Q_1、Q_2的周期分别是时钟脉冲 CP 的 2 倍、4 倍、8 倍。也就是说 Q_0、Q_1、Q_2分别对时钟脉冲 CP 进行了二分频、四分频、八分频。因此计数器也可用作分频器。

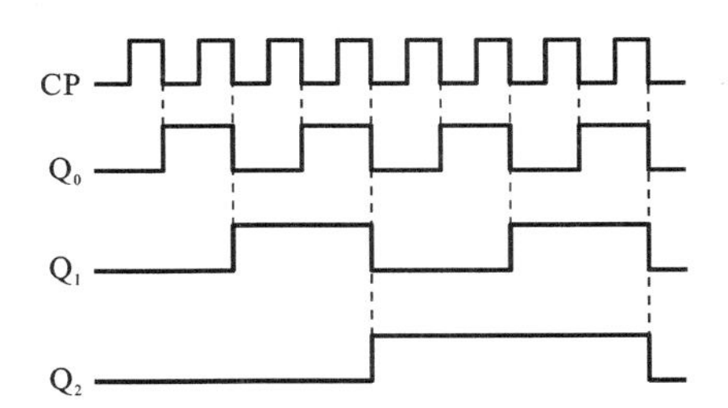

图 4-11　由 JK 触发器组成的三位异步二进制加法计数器的电路时序图

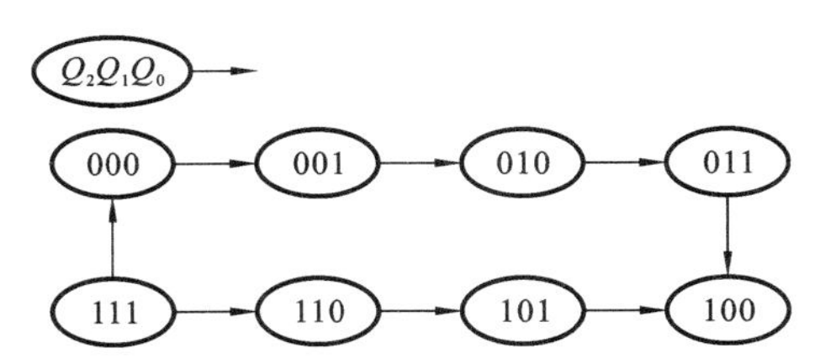

图 4-12　由 JK 触发器组成的三位异步二进制加法计数器的电路状态转换图

异步二进制计数器结构简单,通过改变级联触发器的个数,可以很方便地改变二进制计数器的位数。N 个触发器可以构成 N 位二进制计数器。

如果将 T 触发器之间按照二进制减法计数规则连接,就得到异步二进制减法计数器。按照二进制减法计数规则,若低位触发器为 0,则输入一个减法计数脉冲后应翻转为 1,同时向高位发出借位信号,使高位翻转。图 4-13 就是按照上述规则接成的三位异步二进制减法计数器,异步二进制减法计数器的电路时序图及电路状态转换图如图 4-14 所示。

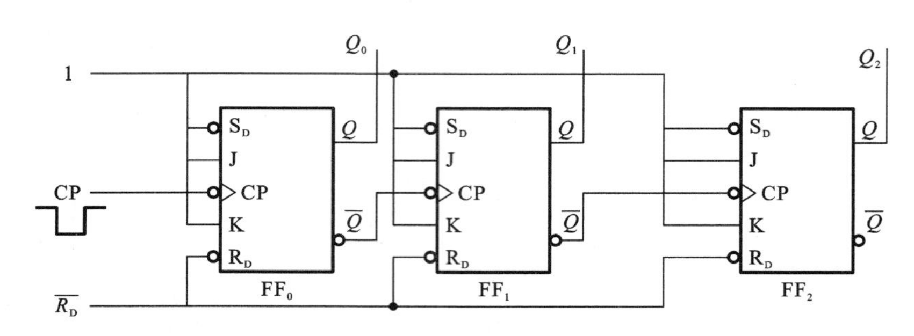

图 4-13　由 JK 触发器组成的三位异步二进制减法计数器

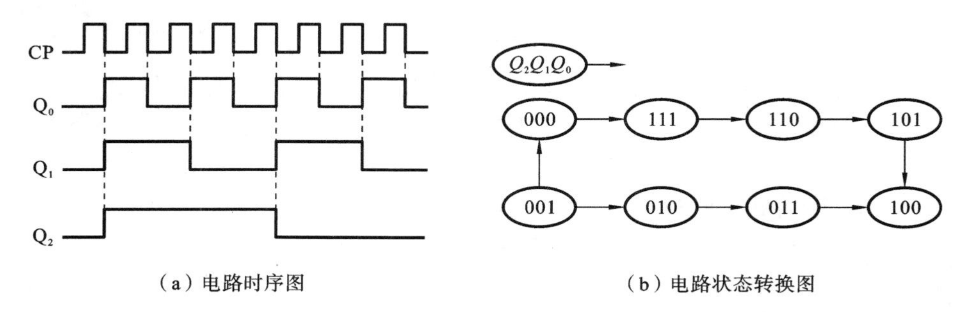

（a）电路时序图　　　　（b）电路状态转换图

图 4-14　异步二进制减法计数器的电路时序图及电路状态转换图

2. 同步二进制计数器

为了提高计数速度，可采用同步计数器，其特点是计数脉冲同时接于各位触发器的时钟脉冲端。当计数脉冲到来时，各触发器同时被触发，应该翻转的触发器是同时翻转的，没有各级延迟时间的积累问题。同步计数器也可称为并行计数器。

图 4-15 是由 JK 触发器组成的三位同步二进制($M=8$)加法计数器。由图 4-14 可知，各位触发器的时钟脉冲输入端接同一计数脉冲 CP。各触发器的驱动方程分别为 $J_0=K_0=1$，$J_1=K_1=Q_0$，$J_2=K_2=Q_0Q_1$。

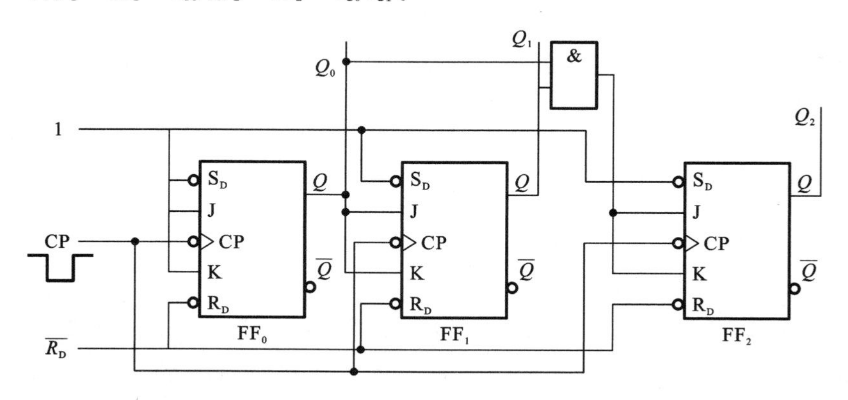

图 4-15　由 JK 触发器组成的三位同步二进制加法计数器

根据同步时序电路的分析方法，设从初态 000 开始，因为 $J_0=K_0=1$，所以每输入一个计数脉冲 CP，最低位触发器 FF_0 就翻转一次；当 $J_1=K_1=Q_0Q_1=1$ 时，触发器 FF_1 在 CP 下降沿到来时翻转；同理，当 $J_2=K_2=Q_0Q_1=1$ 时，触发器 FF_2 在 CP 下降沿到来时翻转。

由 JK 触发器组成的三位同步二进制加法计数器的电路时序图如图 4-16 所示，由

图 4-16 可知，在同步计数器中，由于计数脉冲 CP 同时作用于各个触发器，所有触发器的翻转是同时进行的，因此其工作速度一般要比异步计数器高。

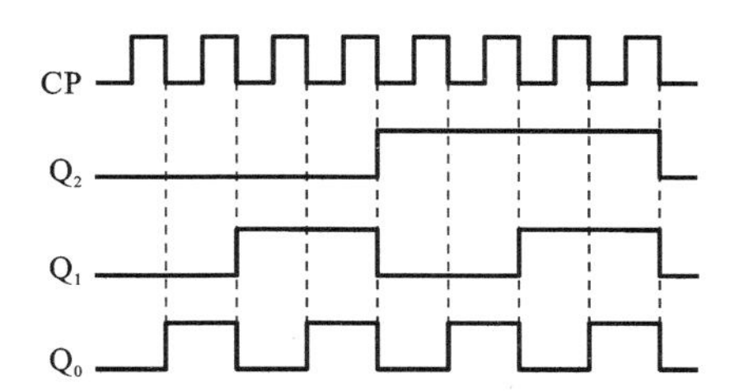

图 4-16　由 JK 触发器组成的三位同步二进制加法计数器的电路时序图

应当指出的是，同步计数器的电路结构较异步计数器的复杂，需要增加一些输入控制电路，因而其工作速度也受这些控制电路传输延迟的影响。

如果将图 4-15 中触发器 FF_0 和 FF_1 的驱动信号分别改为 $\overline{Q}_0$ 和 $\overline{Q}_0\overline{Q}_1$，就可构成三位同步二进制减法计数器。三位同步二进制减法计数器逻辑图如图 4-17 所示。

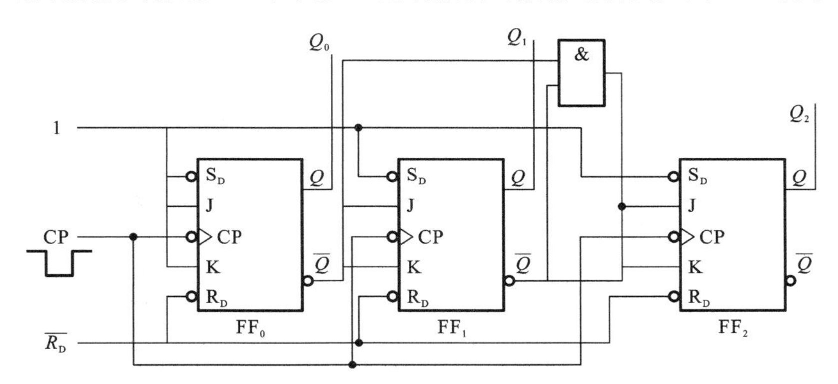

图 4-17　三位同步二进制减法计数器逻辑图

4.5.5　实验方案

1. 异步二进制加法计数器

(1) 按图 4-10 接线，组成一个三位异步二进制加法计数器，CP 端接单次脉冲源，清零信号 $\overline{R_D}$ 接高电平，计数器的输出端 Q_0、Q_1、Q_2 分别接逻辑电平显示和数码显示 C、B、A 端，并将 D 端接 0，进行测试并记录。

(2) 将 CP 端接连续脉冲，用数字存储示波器观察各触发器输出端的波形，并按时间对应关系画出 CP、Q_0、Q_1、Q_2 端的波形。

2. 同步二进制加法计数器

(1) 按图 4-15 接线，组成一个三位同步二进制加法计数器，CP 端接单次脉冲源，清零信号 $\overline{R_D}$ 接高电平，计数器的输出端 Q_0、Q_1、Q_2 分别接逻辑电平显示和数码显示 C、B、A 端，并将 D 端接 0，进行测试并记录。

(2) 将 CP 端接连续脉冲时，用数字存储示波器观察各触发器输出端的波形，并按时间对应关系画出 CP、Q_0、Q_1、Q_2 端的波形。

3. 三位二进制减法计数器的设计

用 D 触发器设计一个三位二进制减法计数器。要求：CP 端接单次脉冲时，利用逻辑电平显示和数码管，观察电路的计数过程；CP端接连续脉冲时，用数字存储示波器观察各触发器输出端的波形。

4.5.6 实验任务

(1) 写出计数器的设计过程，画出计数器的实验电路图。

(2) 记录实验过程中出现的问题及解决方法。

(3) 记录实验现象及实验所得的波形，对实验结果进行分析。

4.5.7 实验报告

(1) 完成实验任务，并说明实验过程，画出实验接线图。

(2) 思考异步二进制加法计数器和同步二进制加法计数器的关键差别在哪里，它们的优缺点各是什么。尝试设计四分频器电路，并总结分频电路的共同点。

(3) 记录实验过程中出现的问题及解决方法，对实验结果进行分析，总结实验心得。

4.6 74LS161设计多进制计数器

在数字电子技术中应用的最多的就是时序逻辑电路。本节主要介绍如何利用74LS161芯片设计多进制计数器。

4.6.1 实验目的

(1) 学习时序逻辑电路的使用。

(2) 掌握使用74LS161设计各种进制计数器的方法。

4.6.2 实验设备及器材

(1) 74LS161，2片。

(2) 74LS160，2片。

(3) 其他小规模逻辑门，若干。

(4) 数字电路实验箱，1台。

4.6.3 实验预习要求

(1)了解74LS161的功能及其内部结构。

(2)了解计数器的分类、功能以及实际电路中的使用方法。

(3) 根据实验任务要求设计电路，并根据所给的实验器材画出逻辑图。

4.6.4 实验原理

1. 计数器介绍

在数字电路中，计数器属于时序电路，它主要由具有记忆功能的触发器构成。计数器不仅用于记录脉冲的个数，还大量用于分频、程序控制及逻辑控制等，其在计算机及各种数字仪表中都得到了广泛的应用。

计数器由基本的计数单元和一些控制门组成，计数单元由一系列具有存储信息功能的触发器构成，这些触发器有RS触发器、T触发器、D触发器及JK触发器等。

计数器的种类较多。根据时钟脉冲输入方式的不同，计数器可以分为同步计数器和异步计数器；按进位体制的不同，计数器可分为二进制计数器和非二进制计数器；按计数过程中数字增、减趋势的不同，计数器可分为加法计数器、减法计数器和可逆计数器。

异步二进制计数器在做“加1或减1”计数时，是采取从低位到高位逐位进位或借位的方式工作的。因此，各个触发器不是同时翻转的。这类电路的特点是，CP信号只作用于第一级，由前级为后级提供驱动状态变化的信号。第一级输出信号 Q 的上升沿或下降沿滞后于CP的上升沿（传输延迟时间）。以这种信号作为后级的驱动信号，使第二级的输出信号相对于CP的延迟时间为两级电路的延迟时间。由于触发器的输出信号相对于初始的CP的延迟时间随级数的增加而累加，故各级的输出信号不是同步信号，因而该计数器称为异步计数器。

同步计数器的所有触发器的时钟控制端均由计数脉冲CP输入，CP的每一个触发沿都会使所有的触发器状态更新。应控制触发器的输入端，可将触发器接成T触发器。当低位不向高位进位时，令高位触发器的 $T=0$，触发器状态保持不变；当低位向高位进位时，令高位触发器的 $T=1$，触发器翻转，计数加1。

2. 计数器控制端介绍

1）可逆计数

加减控制方式：控制信号在 $U/\overline{D}=1$ 时加计数，在 $U/\overline{D}=0$ 时减计数。

双时钟控制方式：外部时钟从 CP_{+} 端输入时加计数，从 CP_{-} 端输入时减计数。

2）预置计数

当控制端信号 $\overline{LD}=0$ 时，计数器的状态变成设定的外部提前设置好的输入常数，$Q_DQ_CQ_BQ_A=DCBA$（输入数据），这种操作称为预置计数。具体操作可分为同步预置和异步预置。

同步预置：$\overline{LD}=0$ 且下一个有效边沿到来时完成预置。

异步预置：在 $\overline{LD}=0$ 后立即将预置的数据输入各触发器，与CP无关。

3）复位

从复位端输入有效信号后，将计数器恢复成初始状态，这种操作称为复位。复位可以分为同步复位与异步复位两种方式。

同步复位：用复位信号与时钟信号CP配合完成。

异步复位：用复位信号直接完成，与CP无关。

4）时钟边沿选择

同步计数器一般采用上升沿触发，异步计数器一般采用下降沿触发。同步计数器拥有多个时钟输入端时，可同时采用上升沿触发和下降沿触发。

5）拓展功能

计数器满模值时将产生一个进位输出信号CO或借位输出信号BO，作为标志信号或进位功能扩展。

3. 典型计数器 74LS161 介绍

74LS161是一款同步置数、异步清零的常用二进制计数器。74LS161内部结构如图4-18所示。

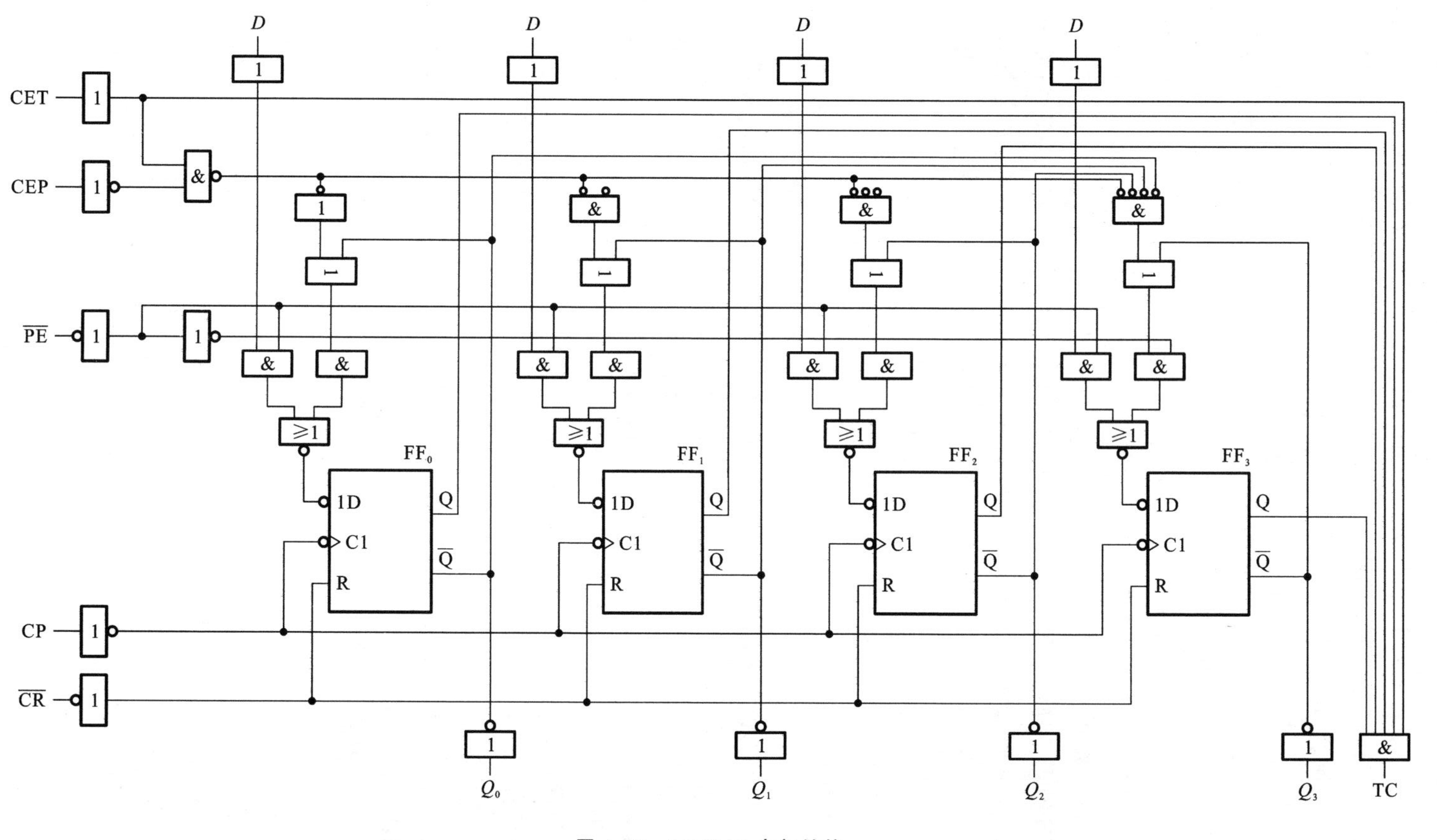

图 4-18 74LS161 内部结构

74LS161 的功能如表 4-7 所示。

表 4-7 74LS161 的功能

输入						输出	
清零 $\overline{CR}$	预置 $\overline{PE}$	使能 CEP	使能 CET	时钟 CP	预置数据输入 D_3 D_2 D_1 D_0	计数 Q_3 Q_2 Q_1 Q_0	进位 TC
L	X	X	X	X	X X X X	L L L L	L
H	L	X	X	↑	D_3 D_2 D_1 D_0	Q_3 Q_2 Q_1 Q_0	*
H	H	L	X	X	X X X X	保持	*
H	H	X	L	X	X X X X	保持	*
H	H	H	H	↑	X X X X	计数	*

4.6.5 实验方案

集成计数器构成任意进制计数器。

例 1 参考异步清零法构成九进制计数器状态图(见图 4-19)设计异步清零法的九进制计数器。异步清零法构成九进制计数器接线图如图 4-20 所示。

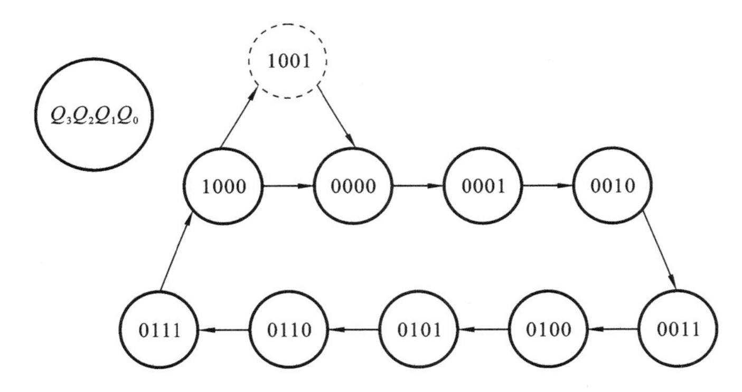

图 4-19 异步清零法构成九进制计数器状态图

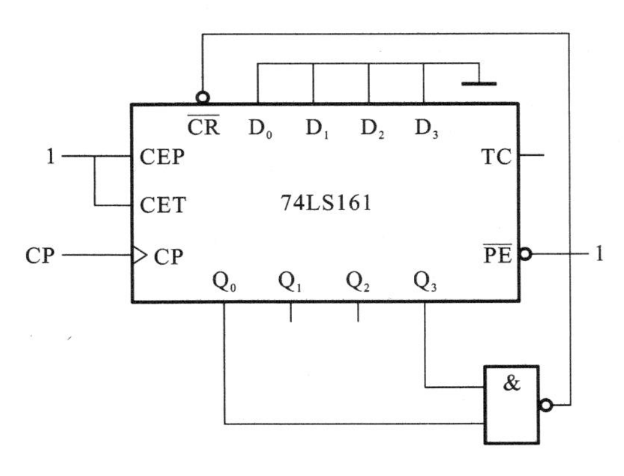

图 4-20 异步清零法构成九进制计数器接线图

参考同步置数法构成九进制计数器状态图(见图 4-21)设计同步置数法的九进制计数器。同步置数法构成九进制计数器接线图如图 4-22 所示。

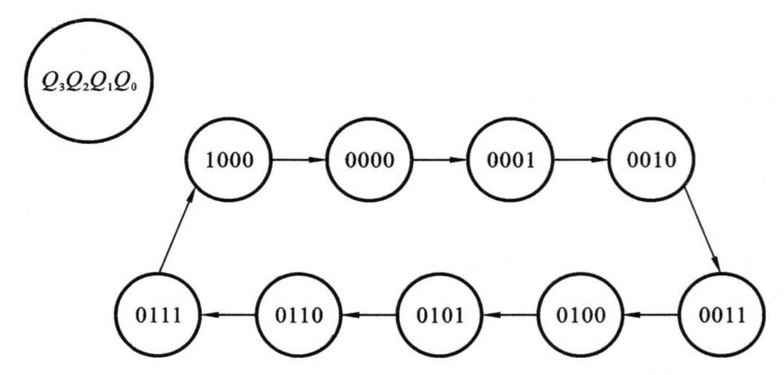

图 4-21　同步置数法构成九进制计数器状态图

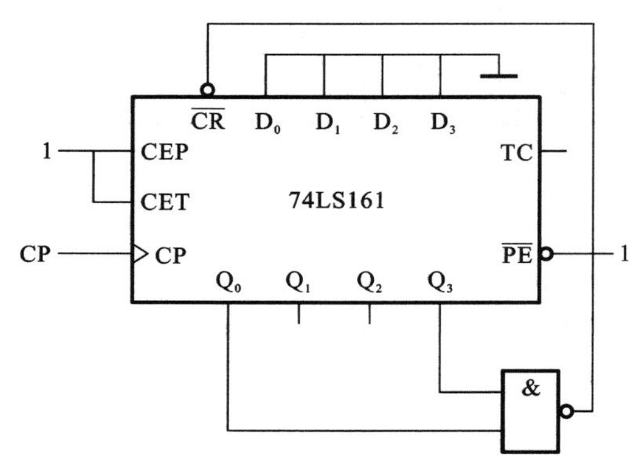

图 4-22　同步置数法构成九进制计数器接线图

例 2　用两片 74LS161 扩展成 256 进制计数器。

可以用同步时钟的扩展方法，将低位的进位端子 TC 接到高位的使能端 CEP、CET。两片 74LS161 的同步扩展接线方法如图 4-23 所示。

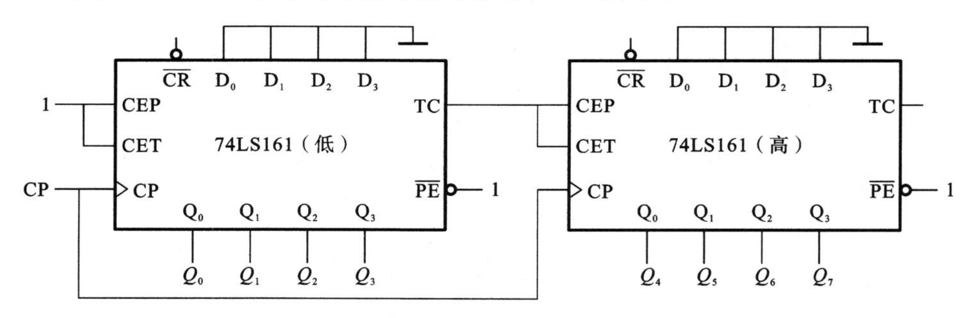

图 4-23　两片 74LS161 的同步扩展接线方法

两片 74LS161 的异步扩展接线方法如图 4-24 所示。

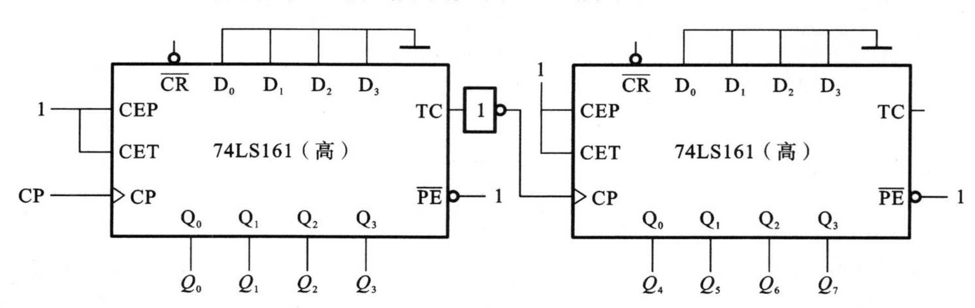

图 4-24　两片 74LS161 的异步扩展接线方法

4.6.6 实验任务

使用74LS161芯片完成下列计数电路。

(1) 十进制计数器。

(2) 十二进制计数器。

(3) 二十四进制计数器。

(4) 六十进制计数器。

将以上四个计数器分别并接入实验箱上的数码管,观察数码管的变化规律。

4.6.7 实验报告

(1) 完成实验任务,并说明实验过程,画出实验接线图。

(2) 思考同步置数法和异步清零法两种方法的优缺点。尝试随机从10～30中选一个数作为进制,设计计数器,并总结计数器的规律。

(3) 记录实验过程中出现的问题及解决方法,对实验结果进行分析,总结实验心得。

4.7 移位寄存器的应用

在数字电路中,移位寄存器是在相同时间脉冲下工作、以触发器为基础的器件。数据以并行或串行的方式输入到移位寄存器中,然后每个时间脉冲依次向左或右移动一个比特,在输出端进行输出。本节就具体分析移位寄存器的原理及其应用。

4.7.1 实验目的

(1) 掌握用基本门电路进行组合电路设计的方法。

(2) 初步掌握数字电路的实验方法。

(3) 通过实验验证设计的正确性。

(4) 训练正确接线与排除故障的能力。

4.7.2 实验设备及器材

(1) 74LS194四位双向移位寄存器,2片。

(2) 其他小规模逻辑门,若干。

(3) 双踪示波器,1台。

(4) 数字万用表,1台。

(5) 数字电路实验箱,1台。

4.7.3 实验预习要求

(1) 了解双向移位寄存器的使用方法。

(2) 预习四位移位计数器设计电路的方法,按照设计要求,完成电路图。

4.7.4 实验原理

移位寄存器的功能是当时钟控制脉冲有效时寄存器中存储的数码同时按序向高位

（左移）或向低位（右移）移位一位。所以，移位寄存器的各触发器状态同时变化，称为同步时序电路。

因为数据可以按序逐位从最低位或最高位串行输入移位寄存器，也可以通过置数端并行输入移位寄存器，所以移位寄存器的数据输入/输出方式有并行输入/并行输出、并行输入/串行输出、串行输入/并行输出、串行输入/串行输出四种。

移位寄存器主要应用于实现数据传输方式的转换（串行到并行或并行到串行）、脉冲分配、序列信号产生，以及时序电路的周期性循环控制（计数器）等。

4.7.5 实验方案

集成移位寄存器的型号有很多种，应用时可根据不同控制要求选择相应的型号。下面以四位移位寄存器 74LS194 为例，简要介绍集成移位寄存器的应用。

1. 环形计数器

四位移位寄存器的原理：F0、F1、F2、F3 是四个边沿触发的触发器 D 的输入端，每一个触发器的输出端 Q 连接右边一个触发器的输入端 D。因为从时钟 CP 的信号的上升沿输入到触发器上与输出端新状态稳定建立之间有一段延迟时间，所以当时钟信号同时加到四个触发器上时，每个触发器接受的都是左边一个触发器中原来的数据（F0 接收输入数据 D_1）。寄存器中的数据依次右移一位。

移位寄存器的输出反馈到它的串行输入端，就可以进行循环移位。设初始状态 $Q_0Q_1Q_2Q_3$＝0111，则在时钟脉冲作用下 $Q_0Q_1Q_2Q_3$ 依次变为 0111，1011，1101，1110，…。它是一个具有四个有效状态的环形计数器，这种类型的计数器称为环形计数器。它可以产生使各个输出端的输出在时间上有先后顺序的脉冲，也可作为顺序脉冲发生器。

环形计数器电路图如图 4-25 所示。

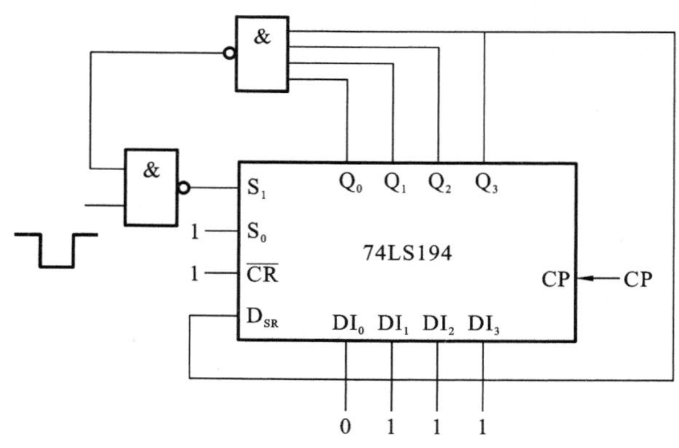

图 4-25 环形计数器电路图

环形计数器电路的波形如图 4-26 所示。

环形计数器电路的功能如表 4-8 所示。

2. 实现数据串行、并行转换

(1) 串行/并行转换器：串行输入的数码经转换电路后变换成并行输出。

(2) 并行/串行转换器：并行输入的数码经转换电路后变换成串行输出。

(3) 中规模集成移位寄存器，其位数往往以四位居多，当需要的位数多于四位时，可以把几片移位寄存器用级联的方法连接起来以扩展位数。

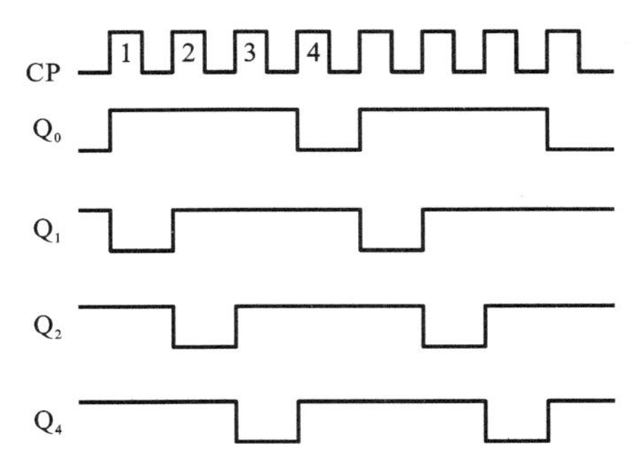

图 4-26　环形计数器电路的波形

表 4-8　环形计数器电路的功能

CP	Q_0	Q_1	Q_2	Q_3
0	0	1	1	1
1	1	0	1	1
2	1	1	1	0
3	0	1	1	1
4	0	1	1	1

4.7.6　实验任务

(1) 设计可自启动的环形寄存器和扭环形寄存器。

(2) 根据实验任务列出真值表，写出最简表达式，并根据所给器件画出逻辑图。

(3) 在数字电路实验箱上实现移位寄存器电路。

4.7.7　实验报告

(1) 完成实验任务，并说明实验过程，画出实验接线图。

(2) 思考不同寄存器的不同数据输入方式的优缺点，移位寄存器是如何进行循环移位的，关键实现点在哪里。尝试用寄存器实现数据串行、并行转换。

(3) 记录实验过程中出现的问题及解决方法，对实验结果进行分析，总结实验心得。

4.8　555 定时器的应用

555 集成定时电路也称 555 时基电路，是一种将模拟功能与逻辑功能巧妙结合在一起的中规模集成电路，电路功能灵活、适用范围广，只需外接少量几个阻容元件，就可以组成各种不同用途的电路，在数字电路中应用广泛。

4.8.1　实验目的

(1) 熟悉集成电路 555 定时器的内部结构、工作原理及使用方法。

(2) 学习用集成电路 555 定时器设计电路。

(3) 通过实验验证设计的正确性。

(4) 训练正确接线与排除故障的能力。

4.8.2 实验设备及器材

(1) NE555,1 个。
(2) 电阻、电容,若干。
(3) 双踪示波器,1 台。
(4) 数字万用表,1 台。
(5) 数字电路实验箱,1 台。

4.8.3 实验预习要求

(1) 掌握集成电路 555 定时器的内部结构、工作原理及使用方法。
(2) 按照要求完成电路图的设计,记录并分析实验结果。

4.8.4 实验原理

555 定时器是一种模拟和数字功能相结合的中规模集成器件。一般用双极性工艺制作的称为 555,用 CMOS 工艺制作的称为 7555。除了单定时器外,对应的还有双定时器 556/7556。555 定时器的电源电压范围宽,为 4.5～16 V。7555 定时器的电源电压为 3～18 V,输出驱动电流约为 200mA,因而其输出可与 TTL、CMOS 或者模拟电路电平兼容。

555 定时器成本低、性能可靠,只需要外接几个电阻、电容,就可以实现多谐振荡器、单稳态触发器及施密特触发器等,脉冲产生变换的电路。它也常作为定时器,广泛应用于仪器仪表、家用电器、电子测量及自动控制等方面。

多谐振荡方波发生器在各理工科实验中具有广泛的应用,在生活中的数字设备、家用电器、电子玩具等许多领域也有应用。方波信号是一种应用极为广泛的信号,它在科学研究、工程教育及生产实践中的使用非常普遍。它通常作为标准信号,应用于电子电路的性能实验或参数测量。另外,许多测试仪中也用标准的方波信号检测一些物理量,所以研究多谐振荡方波发生器具有非常重要的现实意义。

555 集成时基芯片也称为集成定时器,它是一种数字、模拟混合型的中规模集成电路。因为它内部的 555 集成时基芯片使用了 3 个 5 kΩ 的电阻,故取名 555 芯片。555 芯片使用灵活、方便,只需外接少量的阻容元件就可以构成单稳、多谐和施密特触发器,因而广泛应用于信号的产生、变换、控制与检测领域。555 定时器引脚图如图 4-27 所示。

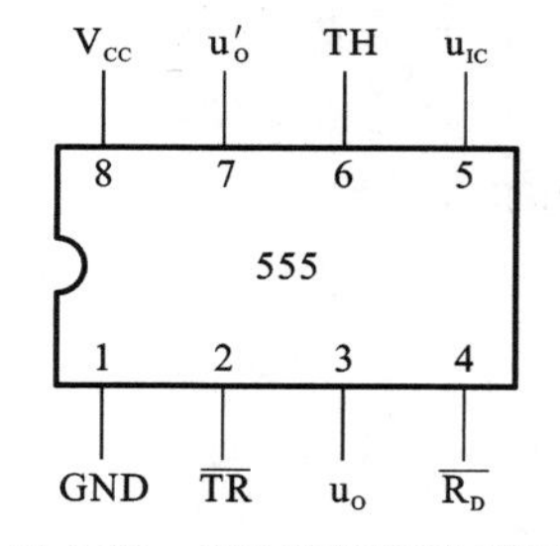

图 4-27 555 定时器引脚图

4.8.5 实验方案

函数信号发生器是一种信号发生装置,能产生某些特定的周期性时间函数波(正弦波、方波、三角波、锯齿波和脉冲波等)信号,频率范围从几微赫兹到几十兆赫兹。其除用于通信、仪表和自动控制系统测试外,还广泛用于其他非电测量领域。占空比可调方波信号发生器电路图 4-28 所示。

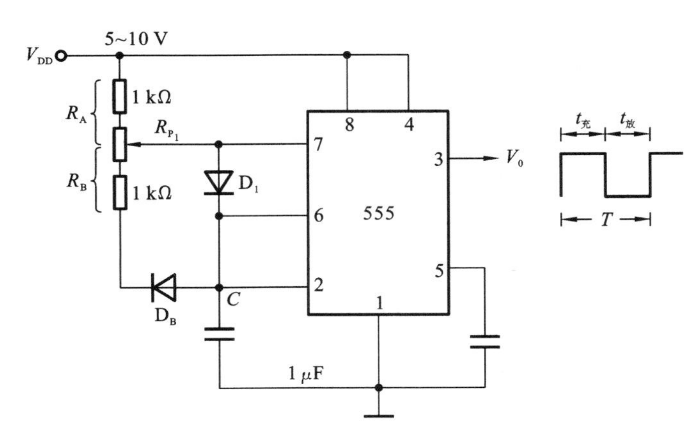

图 4-28 占空比可调方波信号发生器电路图

占空比可调方波信号发生器电路只要加上电压 V_{DD}，振荡器便起振。刚通电时，由于 C 上的电压不能突变，即 2 脚电位的起始电平为低电位，使 555 置位，3 脚呈高电平。555 芯片通过 R_A、D_1 对 C 充电，充电时间 $t_充=0.7R_AC$。当电压达到阈值电平 $2/3V_{DD}$ 时，555 复位，3 脚呈低电平，此时 C 通过 D_1、R_B、555 内部的放电管放电。

放电时间为 $t_放=0.7R_BC$。振荡周期为 $T=t_充+t_放$。占空比为 $D_充=t_充/T=R_A/(R_A+R_B)$。频率为 $f=1/T=1.43/((R_A+R_B)C)$。

4.8.6 实验任务

利用 555 芯片设计输出频率为 50 kHz 的周期方波信号发生器电路。

4.8.7 实验报告

(1) 完成实验任务，并说明实验过程，画出实验接线图。

(2) 555 芯片还有哪些功能？尝试举出 3 个例子，并说明 555 定时器在其中发挥的作用。如果 555 芯片搭建振荡器，其频率的范围可达到多少？

(3) 记录实验过程中出现的问题及解决方法，对实验结果进行分析，总结实验心得。

4.9 TTL 与非门电路构成脉冲单元电路

4.9.1 实验目的

(1) 熟悉门电路的特性，了解 TTL 门电路和 COMS 门电路在应用上的区别。

(2) 掌握用门电路组成单稳态触发器的原理和基本方法。

(3) 熟悉用门电路组成单稳态触发器的多种方法。

(4) 掌握影响输出脉冲波形参数的阻容元件数值的计算方法。

4.9.2 实验设备及器材

(1) 74LS00，1 片。

(2) 74LS04，3 片。

(3) 电阻,若干。

(4) 电容,若干。

(5) 数字电路实验箱,1 台。

(6) 双踪示波器,1 台。

4.9.3 实验预习要求

(1) 了解 TTL 与 COMS 的不同之处。

(2) 复习自激多谐振荡器的工作原理。

(3) 了解 74LS00、74LS04 的逻辑功能及外部引脚排列。

(4) 掌握 74LS08、74LS32 在实际应用中的规则。

4.9.4 实验原理

1. 门电路的传输特性

由于构造不同,TTL 门电路和 CMOS 门电路的传输特性不尽相同。图 4-29 分别给出了 TTL 反相器 741LS04 和 CMOS 反相器 CD4069 的传输特性的实验图像。

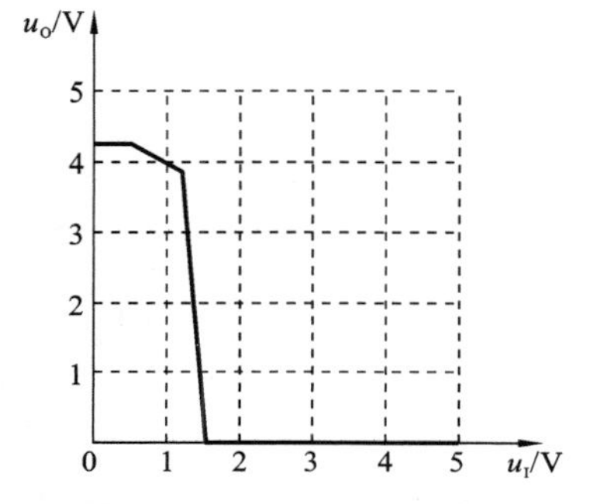

(a) TTL反相器741LS04的实测传输特性

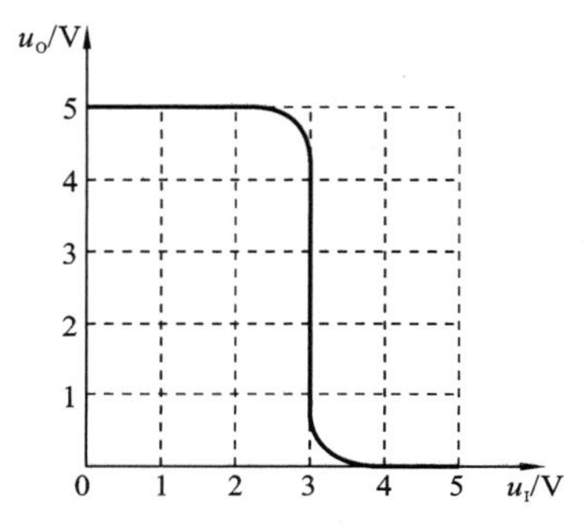

(b) CMOS反相器CD4069的传输特性

图 4-29 非门传输特性的实验图像

从实验结果看,TTL 反相器的传输特性分为 4 个区。

(1) 截止区:输入电压 $u_I<0.6$ V,输出电压 $u_o>3.2$ V。

(2) 线性区:输入电压 u_I满足 0.7 V$<u_I<$1.3 V,输出电压 u_o 在此范围线性下降。

(3) 转折区:输入电压 u_I为转折电压 u_{TH},大约为 1.4 V,输出电压 u_o 在此范围急剧下降。

(4) 饱和区:输入电压 $u_I>1.4$ V,输出电压 $u_o<0.7$ V。

CMOS 反相器的传输特性分为 3 个区。

(1) 截止区:输入电压 $u_I<0.4V_{DD}$,输出电压 $u_o\approx V_{DD}$。

(2) 转折区:输入电压 u_I为转折电压 u_{TH},大约为 $0.5V_{DD}$,输出电压 u_o 在此范围急剧下降。

(3) 饱和区:输入电压 $u_I>0.6V_{DD}$,输出电压 $u_o\approx 0$。

2. 门电路的应用

1) 门电路应用于开关状态

在数字电路中,门电路主要应用于开关状态。从传输特性看,CMOS 电路不仅 u_{TH}

$\approx 0.5V_{DD}$，而且仅3个区间，同时转折区的变化率很大，因此它更接近于理想的开关特性，这种特性使CMOS电路获得了更大的输入端噪声容限。

2）门电路的线性应用

为了使门电路工作在线性放大状态，门电路需要工作在转折区。对于反相器，可以在输入端和输出端之间接入一个反馈电阻 R_F，以使其工作在转折区。

要使反相器工作在转折区，74系列TTL反相器电路需要接入 R_F，R_F 可取0.5～1.9 kΩ，而CMOS反相器电路接入的 R_F 一般没有严格的限制。

4.9.5 实验方案

采用TTL与非门可以构成单稳态触发器，按照耦合方式，这种触发器有两类：微分型单稳态触发器和积分型单稳态触发器。这两类触发器对脉冲的极性与宽带有不同的要求。

1. 微分型单稳态触发器

微分型单稳态触发器的两个逻辑门由RC耦合而成，而RC电路为微分电路的形式，故称为微分型单稳态触发器。

微分型单稳态触发器可由与非门或者或非门电路构成，这里只介绍由与非门电路构成的情况，微分型单稳态触发器电路如图4-30所示。

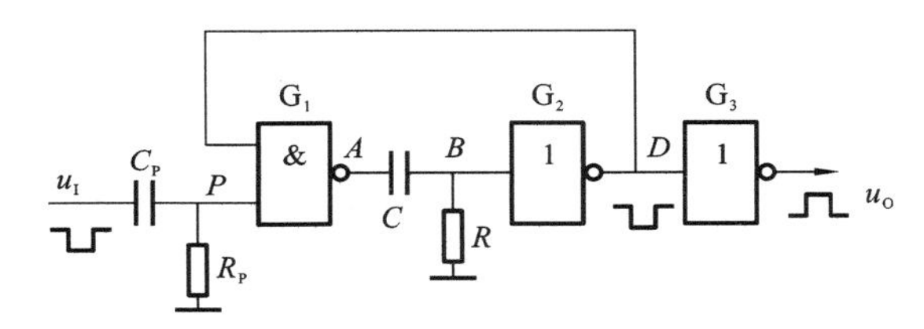

图4-30 微分型单稳态触发器电路

图4-30电路是负脉冲触发，其中 R_P、C_P 构成输入端微分型电路，R、C 构成微分型定时电路，定时元件 R、C 的取值不同，输出脉宽 t_w 也不同，$t_w \approx (0.7 \sim 1.4)RC$。与非门 G_3 起整形、倒相的作用。微分型单稳态触发器波形如图4-31所示。

一般来说，单稳态触发器有以下几种。

(1) 在没有触发信号($t<t_1$)时，电路处于初始状态。

(2) 在没有外加触发信号($t=t_1$)时，电路由稳态翻转到暂稳态，此时有

$$u_I\downarrow \rightarrow u_P\downarrow \rightarrow u_A\uparrow \rightarrow u_B\uparrow \rightarrow u_D\downarrow$$

(3) 以上状态持续一段时间，暂稳态，$t_1<t<t_3$。

(4) 当 $t=t_1$ 时，由于电容充电的原因，导致 B 点电平降到阈值，电路由暂稳态自动翻转。

$$C\text{充电}\rightarrow u_B\downarrow \rightarrow u_D\uparrow \rightarrow u_A\downarrow$$

(5) 恢复过程($t_2<t<t_3$)，自动翻转时电路不是立即回到初始稳态，有一段恢复时间。当 $t>t_3$ 后，如果 B 点电平再出现负跳变，则电路将重复上述过程。

如果脉冲宽度较小，则输入端可省去 R_P、C_P 微分电路。

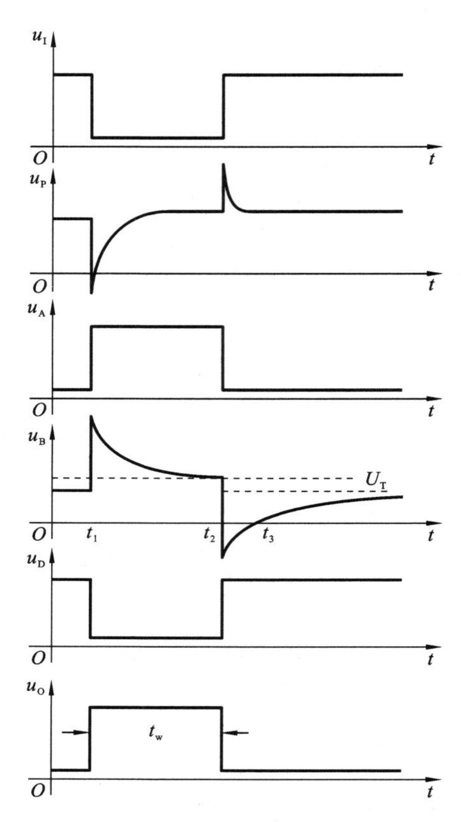

图 4-31 微分型单稳态触发器波形

2. 积分型单稳态触发器

积分型单稳态触发器的两个逻辑门之间也是由 R、C 耦合而成的，而 RC 电路为积分型电路的形式，故称为积分型单稳态触发器。积分型单稳态触发器电路如图 4-32 所示。

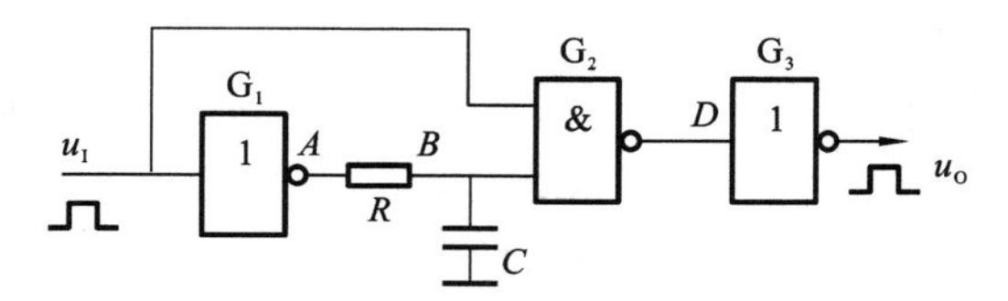

图 4-32 积分型单稳态触发器电路

图 4-32 电路采用正脉冲触发，触发脉冲宽度大于输出脉冲宽度。$t_w \approx 1.1RC$。在这一电路中，要求输入触发脉冲的宽度比较宽，要大于输出信号的脉冲宽度。

积分型单稳态电路的特性与其他单稳态电路的特性一样，也有稳态和暂稳态，并且能够自动地从暂稳态返回到稳态。积分型单稳态触发器的波形如图 4-33 所示。

3. 小结

对采用 TTL 与非门构成的单稳态电路主要说明以下几点。

(1) 微分型单稳态电路和积分型单稳态电路对输入触发脉冲宽度的要求不同，对于前者要求输入的触发脉冲宽度较窄，后者则要求较宽。另外，这两种电路对输入脉冲信号的要求也不同，前者是负脉冲为有效触发；后者是正脉冲为有效触发。

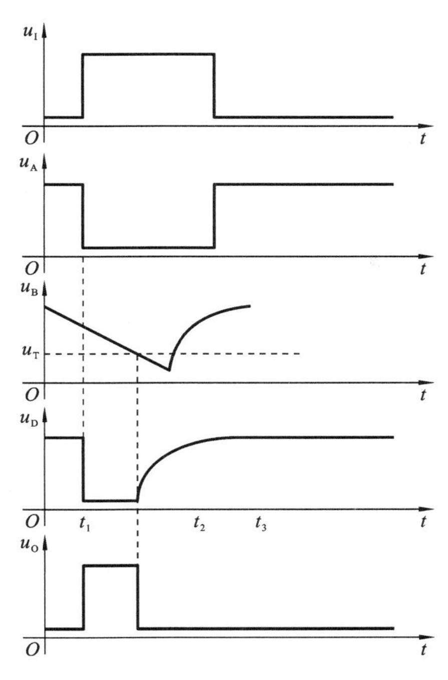

图 4-33 积分型单稳态触发器的波形

(2) 前面介绍的微分型单稳态电路和积分型单稳态电路都是最基本的电路，它们有多种改进电路和变形电路，但电路的基本结构和工作原理是相同的，电路分析方法也是相同的。

(3) 对微分型单稳态电路和积分型单稳态电路的分析都要分成稳态、触发等几个过程，采用与非门电路和非门电路的分析方法即可。

4.9.6 实验任务

1. 微分型单稳态触发器

(1) 按图 4-30 接线，构成微分型单稳态触发器，推荐各元件参数：C_P 为 100～300 pF；R_P 为 33～68 kΩ；C 为 0.047～0.474 μF；R 为 100 Ω，电阻串联 1 kΩ 电阻箱或串联 1 kΩ 电位器；集成电路采用一只 TTL4-2 输入与非门 741LS00，其两个输入脚并联可作为反相器使用。

注意，电容器 C 也可以到 2000 pF 左右，这时用普通示波器可以看到输出的脉冲现象，但普通示波器难以精确测量输出脉冲宽度，因此建议电容器 C 的值取大一些。

(2) 电路接线检查无误后通电，并在输入端输入 1 kHz 的脉冲方波，方波低电平控制在 0 V，高电平控制在 2 V 以上、5 V 以下。

(3) 电阻 R 调至 300 Ω，用双踪示波器观测 u_I、u_P、u_A、u_B、u_D及 u_o的波形，并按时间顺序和对应关系记录。注意，在不能显示完整的输出脉冲时，可以改变输入方波的频率或幅度。

(4) 记录 C 和 R 的值，同时测量输出方波周期和输出脉冲宽度。将以上记录值和测量值记入表 4-9 中。

(5) 改变 C 或 R 的值，重复步骤(4)，将各次的记录值和测量值记入表 4-9 中。

表 4-9 微分型单稳触发器实验记录表

输入方波周期 T								
R								
C								
输出脉冲宽度 t_W								

(6) 根据表 4-9 的内容总结元件 R、C 的值与输出脉冲宽度的关系。

2. 积分型单稳态触发器

(1) 按图 4-32 接线，构成积分型单稳态触发器，推荐各元件参数：C 为 0.047～0.47 μF；R 是固定电阻，阻值为 300 Ω～1.5 kΩ；集成电路采用一只 TTL4-2 输入与非门 741.S00，其两个输入引脚并联可作为反相器使用。

(2) 电路接好检查无误后通电，并在输入端输入 1 kHz 的脉冲方波，方波低电平控制在 0 V，高电平控制在 4 V 左右。

(3) 用双踪示波器观测 u_I、u_P、u_A、u_B、u_D 及 u_o 的波形，并按时间顺序和对应关系记录。注意，在不能显示完整的输出脉冲时，可以改变输入方波的频率或幅度。

(4) 记录 C 和 R 的值，同时测量输出方波周期和输出脉冲宽度。将以上记录值和测量值记入表 4-10 中。

(5) 改变 C 或 R 的值，重复步骤(4)，将各次的记录值和测量值记入表 4-10 中。

(6) 根据表 4-10 的内容总结元件 R、C 的值与输出脉冲宽度的关系。

表 4-10 积分型单稳触发器实验记录表

输入方波周期 T								
R								
C								
输出脉冲宽度 t_W								

4.9.7 实验报告

(1) 完成实验任务，并说明实验过程。

(2) 整理微分型和积分型单稳态触发器的实验数据，说明上述单稳态触发器的输出方波周期和输出脉冲宽度各由什么决定。

(3) 记录实验过程中出现的问题及解决方法，对实验结果进行分析，总结实验心得。

5

新工科数字电子技术课程设计

5.1 交通灯的设计及应用

交通灯是由红、黄、绿三种颜色的灯组成的,用于指导行人和车辆通行。交通灯的绿灯亮表示准许车辆通行,但转弯的车辆不得妨碍被放行的行人和直行车辆通行。黄灯亮表示警示,已越过停止线的车辆可以继续通行,未越过停止线的车辆将禁止通行。红灯亮表示禁止车辆通行。交通灯使用不同颜色的灯来传递信号,其设计应用常作为通信工程和物联网工程的基础实例。

5.1.1 课程设计要求

(1) 根据课题任务进行设计并绘制出电路原理图。

(2) 根据原理图,用相关元器件搭建并测试电路,制作实物。

(3) 撰写设计报告(上交打印稿)。

(4) 设计报告的格式要求。

① 课题任务的相关参数与指标。

② 按照任务需求选择集成电路芯片,列出材料清单。

③ 绘制 EDA 电路原理图,分析电路工作原理。

④ 测试逻辑功能,描述调试方式,分析调试结果。

⑤ 写心得体会。

5.1.2 实验设备及器材

(1) 74LS00、74LS02、74LS10 芯片,各 1 片。

(2) 数字万用表,1 台。

(3) 数字电路实验箱,1 台。

(4) 双踪示波器,1 台。

(5) 200 Ω 电阻、10 kΩ 电位器、导线,若干。

5.1.3 课程设计的任务及要求

设计十字路口的交通信号灯控制器，使其控制A、B两条交叉道路上车辆的通行，具体要求如下。

(1) 每条道路设计一组信号灯，每组信号灯由红、黄、绿三种颜色的灯组成。绿灯表示允许通行，红灯表示禁止通行，黄灯表示允许已过停止线的车辆继续通行、禁止未过停止线的车辆通行。

(2) 每条道路上每次通行的时间为25 s。

(3) 每次变换通行车道之前，要求黄灯先亮5 s，然后再变换通行车道。

(4) 交通灯的黄灯亮时，要求黄灯每秒闪烁一次。

5.1.4 工作原理

交通灯的设计方案有多种，在数字电路中可以利用中规模数字集成电路、存储器、大规模可编程数字集成电路或单片机来设计。交通灯控制器原理框图如图5-1所示，其是利用中规模集成电路设计交通灯控制器的一个参考方案。

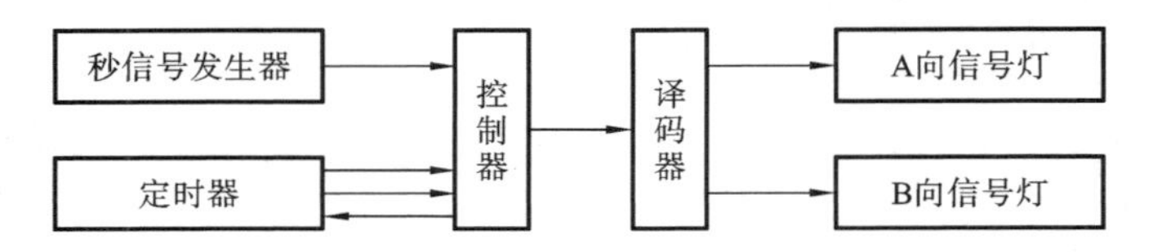

图5-1 交通灯控制器原理框图

在利用中规模集成电路设计交通灯控制器的方案中，系统主要由控制器、定时器、秒信号发生器、译码器、信号灯组成。其中控制器是核心部分，它控制定时器和译码器的工作。秒信号发生器产生定时器和控制器所需的标准时钟。译码器输出对两路信号灯的控制信号。TL、TY为定时器的输出信号，ST为控制器输出的脉冲信号。控制器输出的ST脉冲信号为状态转换信号，控制器发出ST状态转换信号后，定时器令TY=0和TL=0，并开始下一个工作状态的定时计数；当定时器计时到5 s，TY输出1，当定时器计时到25 s，TL输出1；控制器根据所处工作状态及TY、TL信号来向译码器和定时器发出控制指令。一般情况下，十字路口交通灯的工作状态控制按以下顺序执行。

(1) A车道绿灯亮，B车道红灯亮。此时A车道允许车辆通行，B车道禁止车辆通行。当A车道的绿灯灯亮时间到达规定时间后，控制器发出状态转换信号，系统转入下一个状态。

(2) A车道黄灯亮，B车道红灯亮。此时A车道允许超过停止线的车辆继续通行，禁止未超过停止线的车辆通行，B车道禁止车辆通行。当A车道的黄灯灯亮时间到达规定时间后，控制器发出状态转换信号，系统转入下一个状态。

(3) A车道红灯亮，B车道绿灯亮。此时A车道禁止车辆通行，B车道允许车辆通行。当B车道的绿灯灯亮时间到达规定时间后，控制器发出状态转换信号，系统继续转入下一个状态。

(4) A车道红灯亮，B车道黄灯亮。此时A车道禁止车辆通行，B车道允许超过停止线的车辆通行，禁止未超过停止线的车辆通行。当B车道的黄灯灯亮时间到达规定时间后，控制器发出状态转换信号，系统进入下一个状态，即又开始重复“A车道绿灯亮，B 车道红灯亮”的状态。

交通灯控制状态表如表 5-1 所示。

表 5-1　交通灯控制状态表

控制器状态	信号灯状态	车道运行状态
S0（00）	A 绿灯，B 红灯	A 车道允许通行，B 车道禁止通行
S1（01）	A 黄灯，B 红灯	A 车道过线车通行、未过线车禁止通行，B 车道禁止通行
S2（11）	A 红灯，B 绿灯	A 车道禁止通行，B 车道允许通行
S3（10）	A 红灯，B 黄灯	A 车道禁止通行，B 车道过线车允许通行、未过线车禁止通行

由表 5-1 可知，交通信号灯有 4 个状态，分别用 S0、S1、S2、S3 来表示，并且分别分配状态编码为 00、01、11、10。交通灯控制器的状态转换图如图 5-2 所示。图 5-2 中 T_L 和 T_Y 为定时器电路送给控制器的信号，S_T 为控制器的输出信号。

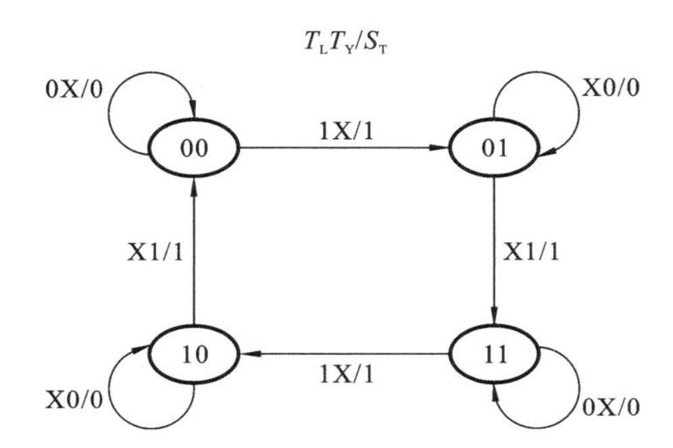

图 5-2　交通灯控制器的状态转换图

5.2　分频器的设计及应用

分频器是指输出信号频率为输入信号频率整数分之一的电子电路。许多电子设备需要各种不同频率的信号协同工作，如电子时钟、频率合成器等。常用的方法是用稳定度高的晶体振荡器作为振荡源，通过分频器变换成所需的频率。分频器作为一类重要的电路，其构成和原理是电气相关专业学生必须了解的。

5.2.1　课程设计要求

（1）了解数字频率计的测量频率与测量周期的基本原理。

（2）熟练掌握数字频率计的设计、调试方法，以及减小测量误差的方法。

5.2.2　实验设备及器材

（1）按键开关，若干。

（2）各种型号电容，若干。

（3）5 V 电源插槽，一个。

（4）面包板，一个。

（5）小规模逻辑门，若干。

(6) 晶体管,若干。

5.2.3 课程设计的任务及要求

用中小规模集成电路设计一台简易的数字频率计,频率显示为四位,显示量程为四挡,显示用数码管显示。数字频率计的四个挡位如下。

第一挡:1 Hz～9.999 kHz,闸门时间为 1 s。

第二挡:10 Hz～99.99 kHz,闸门时间为 0.1 s。

第三挡:100 Hz～999.9 kHz,闸门时间为 10 ms。

第四挡:1～9999 kHz,闸门时间为 1 ms。

5.2.4 工作原理

(1) 数字频率计是采用数字电路制作、能实现对周期性变化信号频率测量的仪器。频率计主要用于测量正弦波、矩形波、三角波和尖脉冲等周期信号的频率值。数字频率计的原理框图如图 5-3 所示。

(2) 频率就是周期性信号在单位时间(1 s)内的变化次数。若在一定时间间隔 T 内,这个周期性信号的重复变化次数为 N,则其频率可表示为 $f=N/T$。被测信号 VX 经放大整形电路后变成计数器所要求的脉冲信号Ⅰ,被测信号的频率与被测信号的频率 f_X 相同。时基电路提供标准时间基准信号Ⅱ,基准信号Ⅱ的高电平持续时间 $t_1=1$ s,当 1 s 信号来到时,闸门开通,被测脉冲信号通过闸门,计数器开始计数,直到 1 s(信号结束时),闸门关闭,停止计数。若在 1 s 内计数器计得的脉冲个数为 N,则被测信号频率 $f_X=N$。逻辑控制电路的作用有两个:一是产生锁存脉冲Ⅳ,使显示器上的数字稳定;二是产生“0”脉冲Ⅴ,使计数器每次测量从零开始计数。

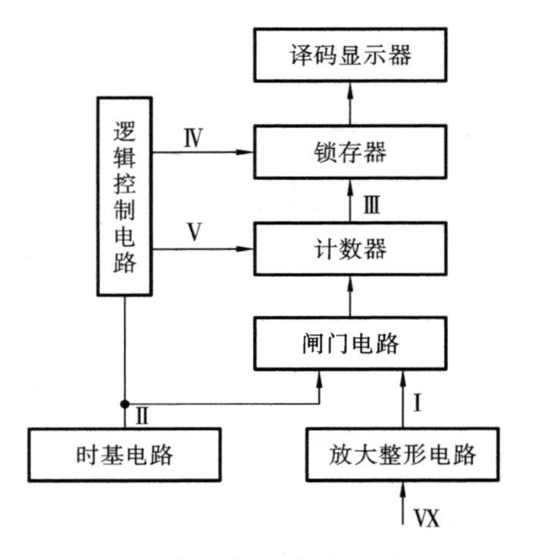

图 5-3 数字频率计的原理框图

(3) 单元电路的设计。

① 放大整形电路。

放大整形电路由晶体管 3DG100 和与非门 74LS00 组成。其中由 3DG100 构成的放大器将输入频率为 f_X 的周期信号(如正弦波、三角波等)进行放大;由与非门 74LS00 构成的施密特触发器对放大器的输出信号进行整形,使之成为矩形脉冲。

② 时基电路。

时基电路的作用是产生一个标准时间信号(高电平持续时间为 1 s),由 555 定时器构成的多谐振荡器产生(当标准时间的精度要求较高时,应通过晶体振荡器分频获得)。若振荡器的频率为 $f_0=1/(t_1+t_2)=0.8$ Hz,则振荡器的输出波形如图 5-4 的波形Ⅱ所示,其中 $t_1=1$ s,$t_2=0.25$ s。由公式 $t_1=0.7(R_1+R_2)C$ 和 $t_2=0.7R_2C$ 可计算出电阻 R_1、R_2 及电容 C 的值。若取电容 $C=10$ μF,则 $R_2=t_2/0.7C=35.7$ kΩ,取标称值 36

kΩ；$R_1=(t_1/0.7C)-R_2=107$ kΩ，取 $R_1=47$ kΩ，$R_2=100$ kΩ。

③ 逻辑控制电路。

根据图 5-4 振荡器的输出波形，在时基信号Ⅱ结束时产生的负跳变用来产生锁存信号Ⅳ，锁存信号Ⅳ的负跳变又用来产生清零信号Ⅴ。脉冲信号Ⅳ和Ⅴ可由两个单稳态触发器 74LS123 产生，它们的脉冲宽度由电路的时间常数决定。

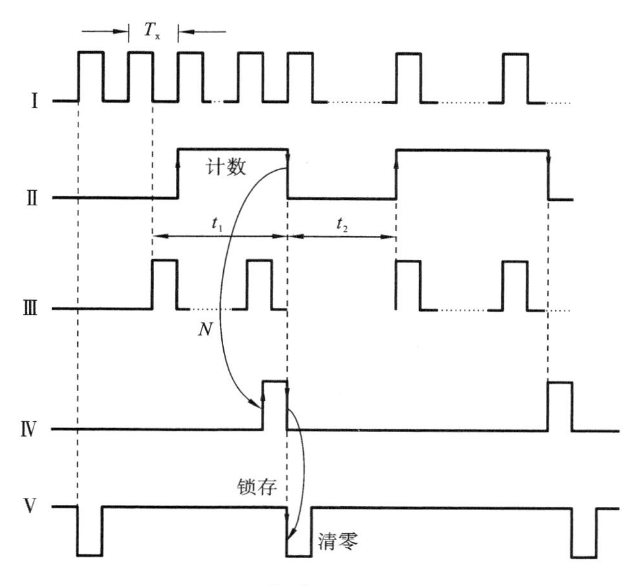

图 5-4 振荡器的输出波形

设锁存信号Ⅳ和清零信号Ⅴ的脉冲宽度 t_W 相同，如果要求 $t_W=0.02$ s，则有

$$t_W=0.45R_{ext}C_{ext}=0.02\ \text{s}$$

若取 $R_{ext}=10$ kΩ，则 $C_W=t/0.45R_{ext}=4.4\ \mu$F，取标称值 4.7 μF。

由 74LS123 的功能可得，当引脚端 $1\overline{R}_D=1$，触发脉冲从 1A 端输入时，在触发脉冲的负跳变作用下，输出端 1Q 可获得一正脉冲，$1\overline{Q}$ 端可获得一负脉冲，正脉冲和负脉冲的波形关系正好满足原理框图所示波形Ⅳ和Ⅴ的要求。当手动复位开关 S 按下时，计数器清零。

④ 锁存器。

锁存器的作用是将计数器在 1 s 结束时所计得的数进行锁存，使显示器上能稳定地显示此时计数器的值。如图 5-3，1 s 计数时间结束时，逻辑控制电路发出锁存信号Ⅳ，将此时计数器的值送至译码显示器。

选用两个 8 位锁存器 74LS273 可以完成上述功能。在时钟期间，计数器的输出不会送到译码显示器。

5.3 数字八路抢答器的设计及应用

数字八路抢答器主要由 555 振荡电路、CD4511 译码/优先/锁存电路、抢答按键电路、抢答报警电路和抢答复位电路等组成。采用 CD4511 集成芯片实现功能要求，将抢答器电路分为控制电路和扩展电路。控制电路完成抢答以及复位的基本功能，即数字八路抢答器开始工作之后，能够实现抢答者按键抢答、主持人复位显示。扩展电路主要完成报警、抢答优先译码/锁存功能，并显示输出结果在数码管上。数字八路抢答器的设计应用实例常作为建筑电气专业的基础应用实例。

5.3.1 课程设计要求

（1）根据课题任务设计并绘制电路原理图。

（2）根据原理图，用相关元器件搭建并测试电路，制作实物。

（3）撰写设计报告（交打印稿）。

（4）设计报告格式要求。

① 课题任务的相关参数与指标。

② 选择集成电路芯片，列出材料清单。

③ 绘制 EDA 电路原理图，分析电路工作原理。

④ 测试逻辑功能，描述调试方式，分析调试结果。

⑤ 写心得体会。

5.3.2 实验设备及器材

（1）无源蜂鸣器，1 个。

（2）NE555 振荡器，1 个。

（3）CD4511 译码器，1 个。

（4）七段共阴数码管，1 个。

（5）NPN 型 9013 三极管，1 个。

（6）1N4148 稳压二极管，18 个。

（7）电阻，若干。

（8）电容，若干。

（9）按键开关，若干。

5.3.3 课程设计的任务及要求

（1）八路抢答器开始上电后，主持人按复位键，抢答开始。若有选手按下抢答键，则报警电路发出响声，数码显示电路上显示抢答成功的选手编号。

（2）当有选手抢答成功之后，抢答系统进行优先锁存，其他选手抢答无效。

（3）若主持人未按下复位键，选手按下了抢答按键，则此次抢答无效，仅当主持人按下复位键，选手才能开始抢答。

5.3.4 工作原理

数字八路抢答器参考电路图如图 5-5 所示。

八路抢答器设计框图如图 5-6 所示。

电路工作过程：电路上电，主持人按下复位键，CD4511 输入的 BCD 码为“0000”，选手就可以开始抢答。选手 1 按下 S1 抢答键，高电平通过编码二极管 D_1 加到 CD4511 集成芯片的 7 号引脚（A 位），7 号引脚为高电平，1、2、6 号引脚保持低电平，

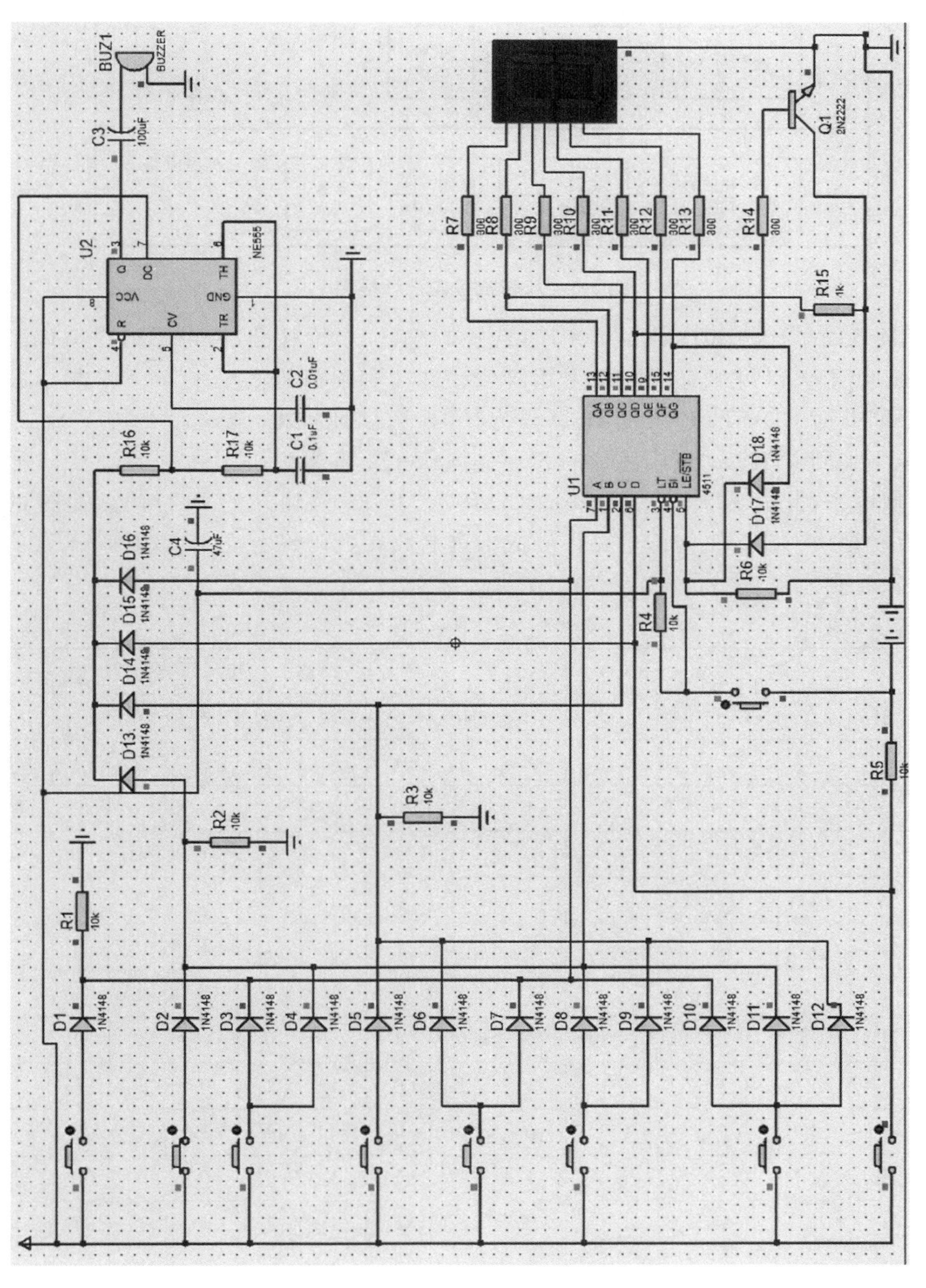

图 5-5 数字八路抢答器参考电路图

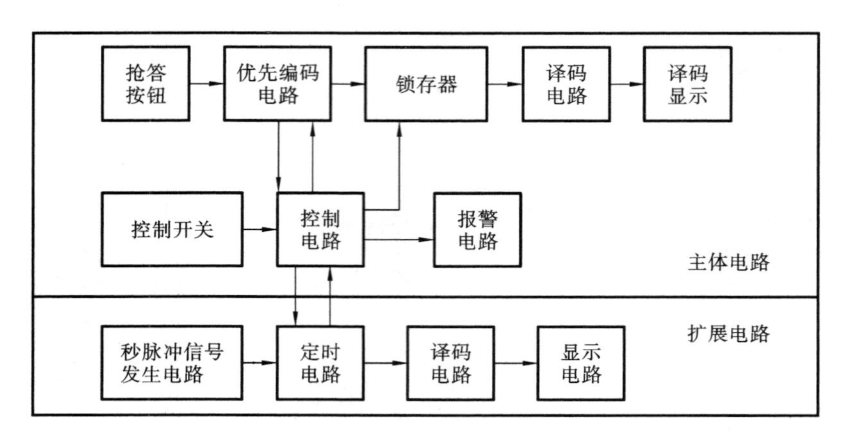

图 5-6 八路抢答器设计框图

此时 CD4511 输入的 BCD 码为“0001”；选手 2 按下 S2 抢答键，高电平通过编码二极管 D_2 加到 CD4511 集成芯片的 1 号引脚（B 位），1 号引脚为高电平，2、6、7 号引脚保持低电平，此时 CD4511 输入的 BCD 码为“0010”；以此类推，当选手 8 按下 S8 抢答键，高电平加到 CD4511 集成芯片的 6 号引脚（D 位），6 号引脚为高电平，1、2、7 号引脚保持低电平，此时 CD4511 输入的 BCD 码为“1000”。输入的 BCD 码就是键的号码，并自动地由 CD4511 内部电路译码成十进制数在数码管上显示。CD4511 真值表如表 5-2 所示。

表 5-2 CD4511 真值表

输入							输出							
LE	$\overline{BI}$	$\overline{LT}$	*D*	*C*	*B*	*A*	*a*	*b*	*c*	*d*	*e*	*f*	*g*	字形
X	*X*	0	*X*	*X*	*X*	*X*	1	1	1	1	1	1	1	8
X	0	1	*X*	*X*	*X*	*X*	0	0	0	0	0	0	0	消隐
0	1	1	0	0	0	0	1	1	1	0	1	1	0	0
0	1	1	0	0	0	1	0	1	1	0	0	0	0	1
0	1	1	0	0	1	0	1	1	0	1	1	0	1	2
0	1	1	0	0	1	1	1	1	1	1	0	0	1	3
0	1	1	0	1	0	0	0	1	1	0	0	1	1	4
0	1	1	0	1	0	1	1	0	1	1	0	1	1	5
0	1	1	0	1	1	0	0	0	1	1	1	1	1	6
0	1	1	0	1	1	1	1	1	1	0	0	0	0	7
0	1	1	1	0	0	0	1	1	1	1	1	1	1	8
0	1	1	1	0	0	1	1	1	1	0	0	1	1	9
0	1	1	1	0	1	0	0	0	0	0	0	0	0	消隐
0	1	1	1	0	1	1	0	0	0	0	0	0	0	消隐
0	1	1	1	1	0	0	0	0	0	0	0	0	0	消隐

续表

输入							输出							
0	1	1	1	1	0	1	0	0	0	0	0	0	0	消隐
0	X	1	1	1	1	0	0	0	0	0	0	0	0	消隐
0	1	1	1	1	1	1	0	0	0	0	0	0	0	消隐
1	1	1	X	X	X	X	锁存							锁存

5.4 篮球计时器的设计及应用

篮球计时器电路由秒脉冲发生器、计数器、译码器、显示电路、报警电路和辅助控制电路等几大部分组成。篮球计时器电路能够满足篮球比赛中各类时间的计时和提示功能，并且记录员能够根据需求随时停止计时与启动计时。本课程适合电子信息类专业学生，本设计能使学生对脉冲电路、控制发生器电路、计数器电路等有更好的理解。

5.4.1 课程设计要求

(1) 根据课题任务进行设计并绘制电路原理图。

(2) 根据原理图，用相关元器件搭建并测试电路，制作实物。

(3) 撰写设计报告(交打印稿)。

(4) 设计报告格式要求。

① 课题任务的相关参数与指标。

② 选择集成电路芯片，列出材料清单。

③ 绘制 EDA 电路原理图，分析电路工作原理。

④ 测试逻辑功能，描述调试方式，分析调试结果。

⑤ 写心得体会。

5.4.2 实验设备及器材

(1) 按键开关，若干。

(2) 1N4148 稳压二极管，若干。

(3) 无源蜂鸣器，若干。

(4) 各型号电容，若干。

(5) 5 V 电源插槽，若干。

(6) 74LS194 四位双向移位寄存器，若干。

(7) 七段共阴数码管，若干。

(8) 规模逻辑门，若干。

5.4.3 课程设计的要求

(1) 完成篮球计时器的以下功能模块。

① 主控模块。

② 供电模块。

③ 显示模块。

④ 报警模块。

(2) 在接通电源或者按下复位键之后，篮球计时器显示器件自动显示全零，进入准备阶段；通过开关控制计时模式，可调模式有每节 10 分钟、节间休息 2 分钟、半场休息 10 分钟、加时赛 5 分钟等。在计时结束之后，篮球计时器发出报警声，可随时中断计时。

5.4.4　工作原理

(1) 计时器的本质是对一个输入脉冲进行计数，如果输入脉冲的频率一定，则记录一定个数的脉冲所需的时间是一定的。例如，如果输入脉冲的频率为 2 MHz，则计数 2×10^6 为定时 1 s。因此，计时器使用同一个接口芯片，既能进行计数，又能进行计时，统称为计时器/计数器。

(2) 篮球计时器的主要构成。

控制寄存器：决定工作模式。

状态寄存器：反映工作状态。

初值寄存器：计数的初始值。

计数输出寄存器：CPU 从中读出当前计数值。

计数器：执行计数操作，CPU 不能访问。

(3) 篮球计时器的工作原理。

篮球计时器对 CLK 信号进行“减 1 计数”，首先 CPU 把控制字写入控制寄存器，把计数初始值写入初值寄存器；然后，计数器按控制字要求计数。计数从计数初始值开始，每当 CLK 信号出现一次，计数值减 1，当计数值减为 0 时，从输出端输出规定的信号。当 CLK 信号出现时，计数值是否减 1(即是否计数)，受门控信号 GATE 的影响，当 GATE 有效时，计数值会相应减 1。

(4) 74LS194 功能介绍。

74LS194 逻辑电路图如图 5-7 所示。

74LS194 的功能表如表 5-3 所示。

表 5-3　74LS194 的功能表

输入										输出				行
清零	控制信号		串行输入		时钟	并行输入				Q_0^{n+1}	Q_1^{n+1}	Q_2^{n+1}	Q_3^{n+1}	
$\overline{CR}$	S_1	S_0	右移 D_{SR}	左移 D_{SL}	CP	A	B	C	D					
L	X	X	X	X	X	X	X	X	X	L	L	L	L	1
H	L	L	X	X	X	X	X	X	X	Q_0^n	Q_1^n	Q_2^n	Q_3^n	2
H	L	H	L	X	↑	X	X	X	X	L	Q_0^n	Q_1^n	Q_2^n	3
H	L	H	H	X	↑	X	X	X	X	H	Q_0^n	Q_1^n	Q_2^n	4
H	H	L	X	L	↑	X	X	X	X	Q_1^n	Q_2^n	Q_3^n	L	5
H	H	L	X	H	↑	X	X	X	X	Q_1^n	Q_2^n	Q_3^n	H	6
H	H	H	X	X	↑	A^*	B^*	C^*	D^*	A	B	C	D	7

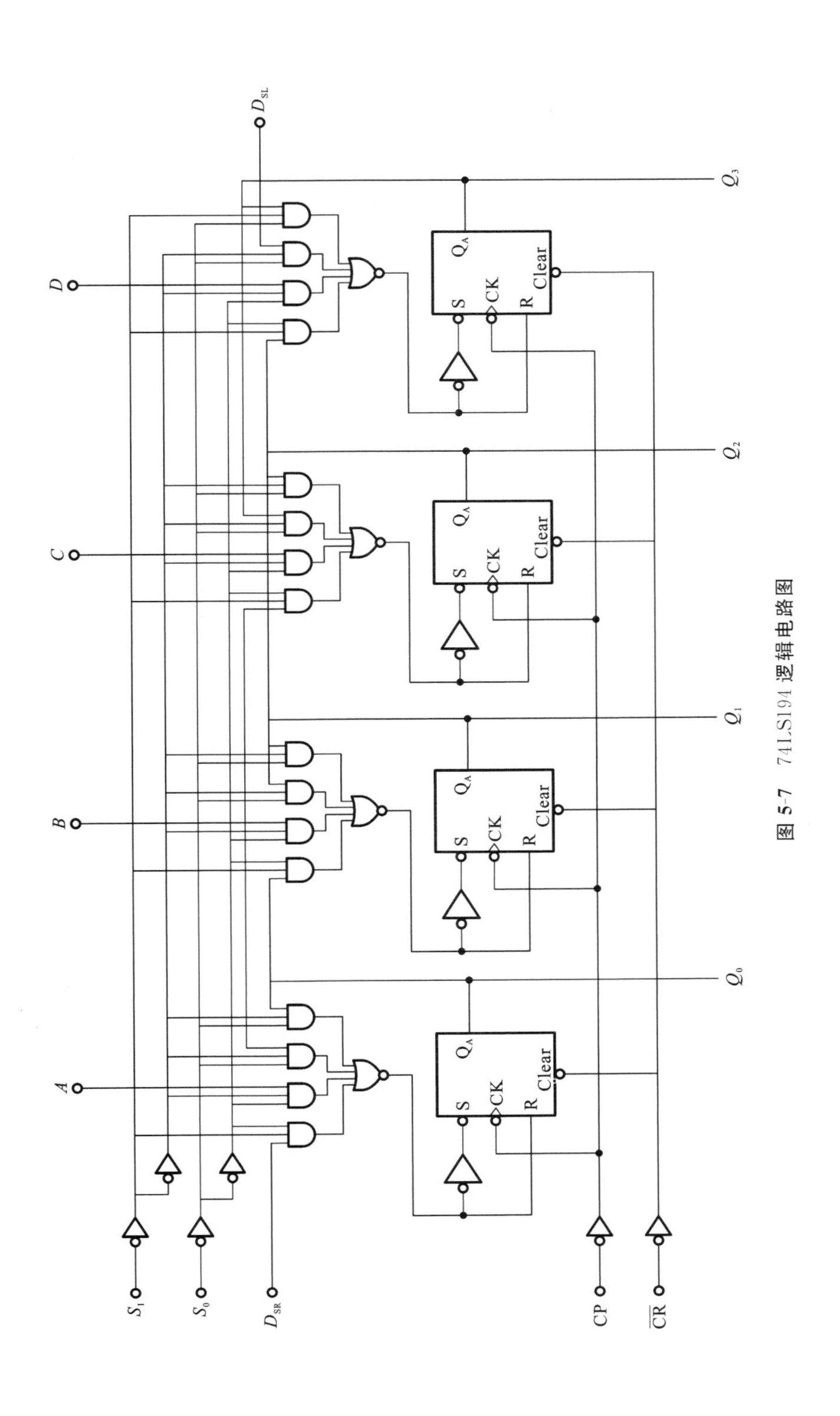

图 5-7 74LS194 逻辑电路图

5.5 数字时钟的设计及应用

数字时钟是一种用数字电路计数实现时、分、秒的装置。与机械时钟相比，数字时钟有更高的准确性和直观性。由于没有机械磨损，数字时钟有更长的寿命，已得到广泛的应用。数字时钟的设计方法有很多种，如用中小规模逻辑门构成电子时钟，或采用专用电子时钟芯片配以显示电路和外围电路组成电子时钟。本设计采用中小规模逻辑门设计电子时钟。通过用中小规模逻辑门构成电子时钟，学生可以熟悉电子时钟的运行原理。本设计适合软件工程专业和光电信息专业学生学习。通过本课程设计，学生可以掌握组合逻辑电路、时序逻辑电路及数字逻辑电路的设计、安装、测试方法。

5.5.1 课程设计要求

(1) 根据课题任务设计并绘制电路原理图。

(2) 根据电路原理图，用相关元器件搭建并测试电路，制作实物。

(3) 撰写设计报告(交打印稿)。

(4) 设计报告格式要求。

① 课题任务的相关参数与指标。

② 选择集成电路芯片，列出材料清单。

③ 绘制 EDA 电路原理图，分析电路工作原理。

④ 测试逻辑功能，描述调试方式，分析调试结果。

⑤ 写心得体会。

5.5.2 实验设备及器材

(1) 按键开关，若干。

(2) 1N4148 稳压二极管按键开关，若干。

(3) 中小规模逻辑门按键开关，若干。

(4) 各型号电容，若干。

(5) 5 V 电源插槽，若干。

(6) 七段共阴数码管，若干。

5.5.3 课程设计的内容

数字时钟实际上是一个对 1 Hz 频率进行计数的计数电路，数字时钟主要构成部分如下。

(1) 振荡器电路。

(2) 分频器电路。

(3) 计数器电路。

(4) 显示电路。

(5) 校时电路。

(6) 整点报时电路。

5.5.4 工作原理

数字时钟实际上是一个对 1 Hz 频率进行计数的计数电路,计数电路中的振荡器电路产生脉冲信号,信号由分频器分频成 1 Hz 频率,用来进行计数。数字时钟原理框图如图 5-8 所示,时间计数器电路分别由十分位、十个位、分十位、分个位、秒时位和秒个位构成。计数器电路中的译码显示电路将计数器电路输出的 8421BCD 码转换成共阴数码管所需要的逻辑状态,以显示时间。因为初始时间与标准时间有相对误差,所以在时钟运行时需要对时、分数值进行调整。整点报时电路在时钟计数器电路产生整点信号的同时,传达电信号至蜂鸣器相关电路,进行准点报时。

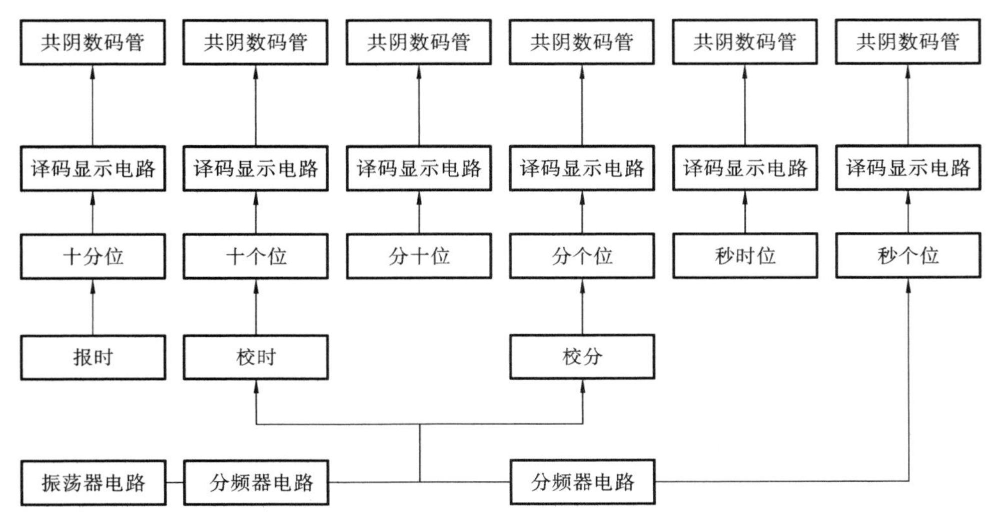

图 5-8 数字时钟原理框图

5.6 彩灯的设计及应用

利用控制电路可使彩灯(如霓虹灯)按一定规律不断变化,不仅可以获得良好的观赏效果,而且可以省电(与始终全亮相比)。本设计以控制 LED 数码管显示不同数字作为课程设计内容,以控制为主题,利用 Proteus 软件进行电路图的绘制及仿真设计;根据课题任务、要求和条件进行总体方案的设计,对方案中单元电路进行选择和设计,并用电子设计软件对电路进行辅助设计和模拟仿真,制作总体电路图;运用测试仪表进行电路调试、排除电路故障、调整元器件、修改电路,使设计的电路达到设计指标要求。

5.6.1 课程设计要求

(1) 根据课题任务进行设计并绘制电路原理图。

(2) 拟定电路的调试步骤和方法。

(3) 撰写设计报告(交打印稿)。

(4) 设计报告格式要求。

① 课题任务的相关参数与指标。

② 选择集成电路芯片,列出材料清单。

③ 绘制 EDA 电路原理图，分析电路工作原理。

④ 测试逻辑功能，描述调试方式，分析调试结果。

⑤ 写心得体会。

5.6.2 实验设备及器材

（1）晶体管，若干。

（2）按键开关，若干。

（3）各型号电容，若干。

（4）5 V 电源插槽，若干。

（5）小规模逻辑门，若干。

（6）面包板，一个。

5.6.3 课程设计的任务及要求

（1）彩灯以 LED 数码管作为控制器的显示元件，数码管能自动地依次显示出四种计数：数字 0、1、2、3、4、5、6、7、8、9（自然数列）；1、3、5、7、9（奇数数列）；0、2、4、6、8（偶数数列）；0、1、2、3、4、5、6、7（音乐数列）。然后，如此周而复始，不断循环。

（2）打开电源时，彩灯的控制器可自动清零，从接通电源起，数码管最先显示出自然数列的 0，再显示出 1，然后按上述规律变化。

（3）数码管每个数字的显示时间（从数码管显示出它起，到它消失之时止）基本相等，这个时间要求在 0.5～2 s 连续可调。

5.6.4 工作原理

彩灯主要通过 555 产生秒脉冲，用计数器和译码器计数。彩灯循环控制电路的核心部分是产生一系列有规律的数列，利用译码器的输出来控制四种计数方式，使四种计数方式依次通过一个数码管显示。彩灯运用计数器的不同功能与不同连接可以实现不同的序列输出，依次输出自然数列、奇数数列、偶数数列和音乐数列，这四种数列不断循环输出。

彩灯的电路主要由四个基本单元组成：信号发生器，计数器、逻辑控制电路和译码显示。当系统正常工作时，信号发生器产生可调的脉冲信号，送到计数器的逻辑控制电路，由计数器提供输出自然数列、奇数数列、偶数数列和音乐数列这四种数列的循环，最后通过译码器的数码管显示出来。彩灯设计框图如图 5-9 所示。

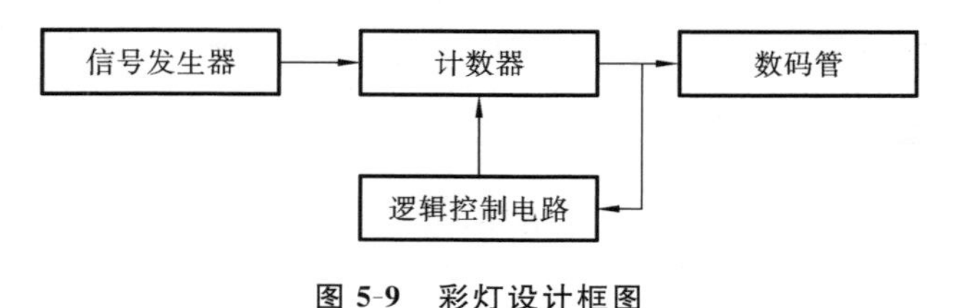

图 5-9 彩灯设计框图

附录 A　GL0101C 型实验箱芯片布置图

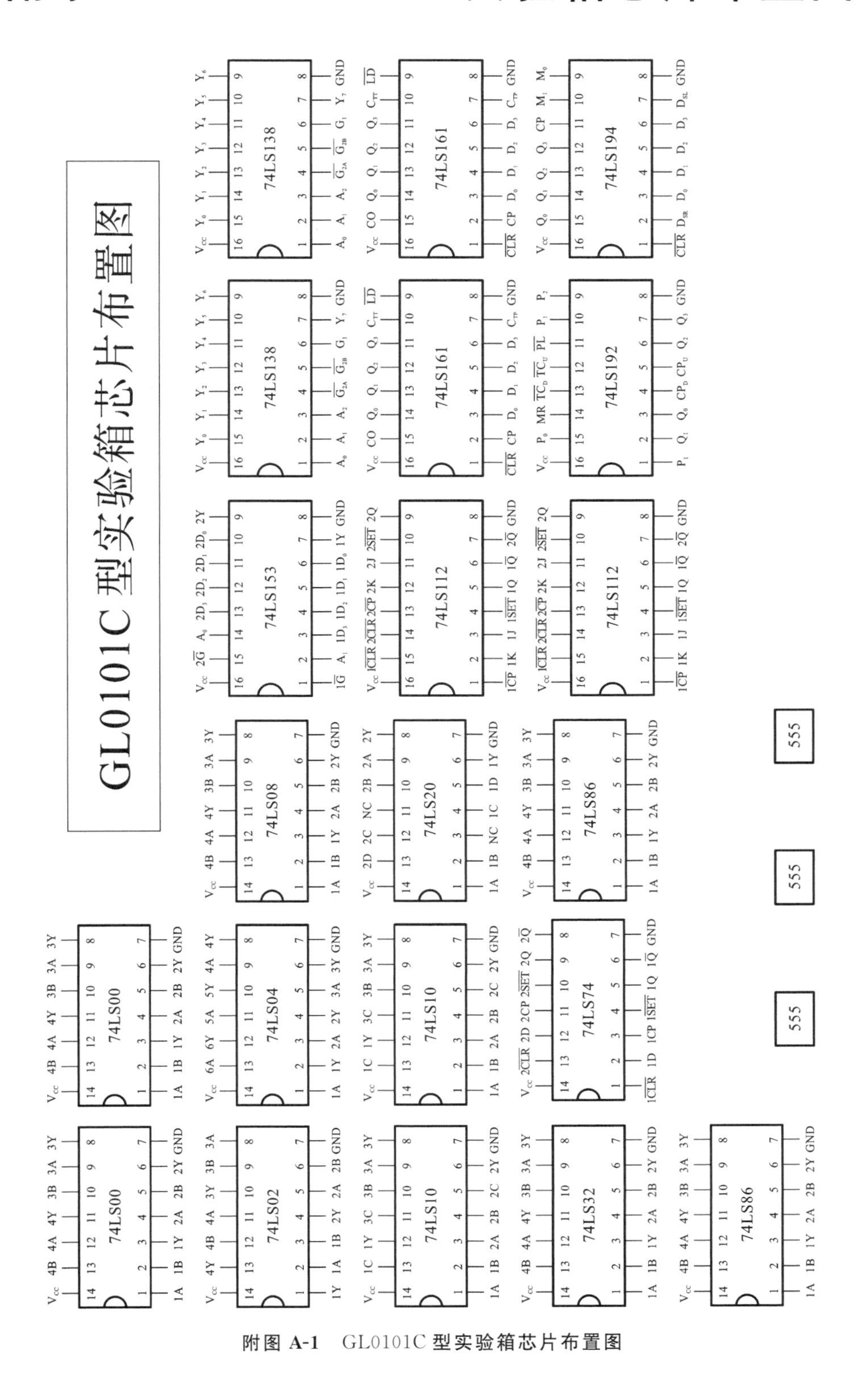

附图 A-1　GL0101C 型实验箱芯片布置图

附录 B　常用数字集成电路型号及引脚图

表 B-1　集成电路型号及引脚图

电路名称及符号	引　脚　图	注　　释
四二输入端与非门 74LS00	上排：V_{cc}(14) 4B(13) 4A(12) 4Y(11) 3B(10) 3A(9) 3Y(8) 74LS00 下排：1A(1) 1B(2) 1Y(3) 2A(4) 2B(5) 2Y(6) GND(7)	A、B：输入。 Y：输出
四二输入端或非门 74LS02	上排：V_{cc}(14) 4Y(13) 4B(12) 4A(11) 3Y(10) 3B(9) 3A(8) 74LS02 下排：1Y(1) 1A(2) 1B(3) 2Y(4) 2A(5) 2B(6) GND(7)	A、B：输入。 Y：输出
六反相器 74LS04	上排：V_{cc}(14) 6A(13) 6Y(12) 5A(11) 5Y(10) 4A(9) 4Y(8) 74LS04 下排：1A(1) 1Y(2) 2A(3) 2Y(4) 3A(5) 3Y(6) GND(7)	A：输入。 Y：输出
四二输入端与门 74LS08	上排：V_{cc}(14) 4B(13) 4A(12) 4Y(11) 3B(10) 3A(9) 3Y(8) 74LS08 下排：1A(1) 1B(2) 1Y(3) 2A(4) 2B(5) 2Y(6) GND(7)	A、B：输入。 Y：输出
三三输入端与非门	上排：V_{cc}(14) 1C(13) 1Y(12) 3C(11) 3B(10) 3A(9) 3Y(8) 74LS10 下排：1A(1) 1B(2) 2A(3) 2B(4) 2C(5) 2Y(6) GND(7)	A、B、C：输入。 Y：输出

续表

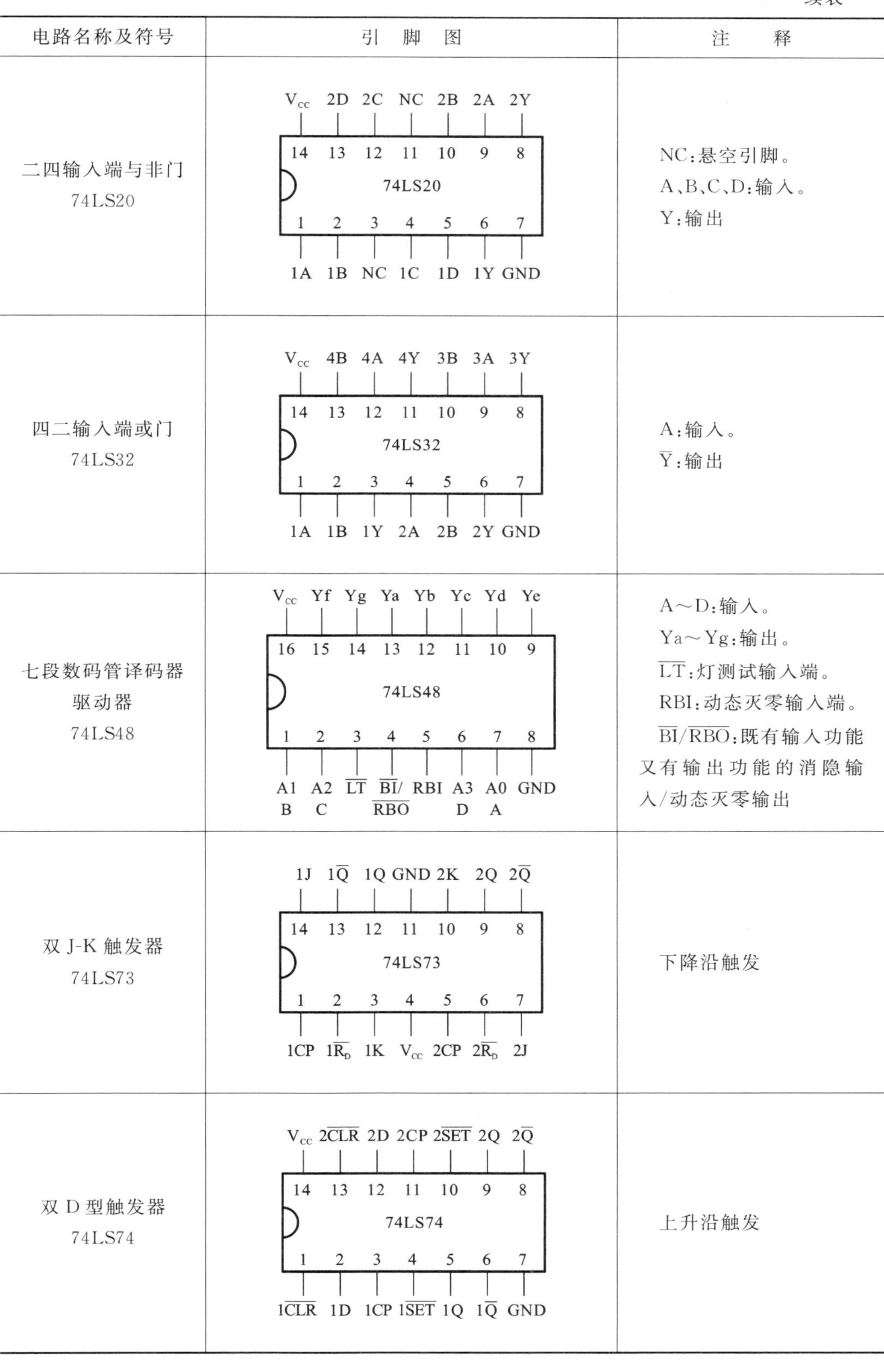

电路名称及符号	引　脚　图	注　　释
二四输入端与非门 74LS20	V_{CC} 2D 2C NC 2B 2A 2Y 14 13 12 11 10 9 8 74LS20 1 2 3 4 5 6 7 1A 1B NC 1C 1D 1Y GND	NC：悬空引脚。 A、B、C、D：输入。 Y：输出
四二输入端或门 74LS32	V_{CC} 4B 4A 4Y 3B 3A 3Y 14 13 12 11 10 9 8 74LS32 1 2 3 4 5 6 7 1A 1B 1Y 2A 2B 2Y GND	A：输入。 $\overline{Y}$：输出
七段数码管译码器驱动器 74LS48	V_{CC} Yf Yg Ya Yb Yc Yd Ye 16 15 14 13 12 11 10 9 74LS48 1 2 3 4 5 6 7 8 A1 A2 $\overline{LT}$ $\overline{BI}$/ RBI A3 A0 GND B C $\overline{RBO}$ D A	A～D：输入。 Ya～Yg：输出。 $\overline{LT}$：灯测试输入端。 RBI：动态灭零输入端。 $\overline{BI}/\overline{RBO}$：既有输入功能又有输出功能的消隐输入/动态灭零输出
双 J-K 触发器 74LS73	1J $1\overline{Q}$ 1Q GND 2K 2Q $2\overline{Q}$ 14 13 12 11 10 9 8 74LS73 1 2 3 4 5 6 7 1CP $1\overline{R}_D$ 1K V_{CC} 2CP $2\overline{R}_D$ 2J	下降沿触发
双 D 型触发器 74LS74	V_{CC} $2\overline{CLR}$ 2D 2CP $2\overline{SET}$ 2Q $2\overline{Q}$ 14 13 12 11 10 9 8 74LS74 1 2 3 4 5 6 7 $1\overline{CLR}$ 1D 1CP $1\overline{SET}$ 1Q $1\overline{Q}$ GND	上升沿触发

续表

电路名称及符号	引　脚　图	注　　释
四二输入端异或门 74LS86	V_{CC} 4B 4A 4Y 3B 3A 3Y 14 13 12 11 10 9 8 74LS86 1 2 3 4 5 6 7 1A 1B 1Y 2A 2B 2Y GND	A、B:输入。 Y:输出
双 JK 触发器 74LS112	V_{CC} $\overline{1CLR}$ $\overline{2CLR}$ $\overline{2CP}$ 2K 2J $\overline{2SET}$ 2Q 16 15 14 13 12 11 10 9 74LS112 1 2 3 4 5 6 7 8 $\overline{1CP}$ 1K 1J $\overline{1SET}$ 1Q $\overline{1Q}$ $\overline{2Q}$ GND	下降沿触发
3 线-8 线译码器 74LS138	V_{CC} Y_0 Y_1 Y_2 Y_3 Y_4 Y_5 Y_6 16 15 14 13 12 11 10 9 74LS138 1 2 3 4 5 6 7 8 A_0 A_1 A_2 $\overline{G_{2A}}$ $\overline{G_{2B}}$ G_1 Y_7 GND	$\overline{G_{2A}}$、$\overline{G_{2B}}$、G_1:控制端。 Y_0～Y_7:输出端
8 线-3 线优先 编码器 74LS148	V_{CC} EO GS 3 2 1 0 A_0 16 15 14 13 12 11 10 9 74LS148 1 2 3 4 5 6 7 8 4 5 6 7 EI A_2 A_1 GND	0～7:控制端。 A_0、A_1、A_2:输出端
双 4 选 1 数据选择器 74LS153	V_{CC} $2\overline{G}$ A_0 $2D_3$ $2D_2$ $2D_1$ $2D_0$ 2Y 16 15 14 13 12 11 10 9 74LS153 1 2 3 4 5 6 7 8 $1\overline{G}$ A_1 $1D_3$ $1D_2$ $1D_1$ $1D_0$ 1Y GND	$\overline{G}$:控制输入端。 D:数据输入端。 Y:输出端

续表

电路名称及符号	引　脚　图	注　　释
四位二进制加计数器 74LS161	V_{CC}　CO　Q_0　Q_1　Q_2　Q_3　C_{TT}　$\overline{LD}$ 16　15　14　13　12　11　10　9 74LS161 1　2　3　4　5　6　7　8 $\overline{CLR}$　CP　D_0　D_1　D_2　D_3　C_{TP}　GND	D:数据输入端。 C_{EP}、C_{ET}:计数控制器。 $\overline{LD}$:同步置数端。 $\overline{CLR}$:异步清零端。 CO:进位输出端
同步可逆十进制 计数器 74LS192	V_{CC}　P_0　MR　$\overline{TC_D}$　$\overline{TC_U}$　$\overline{PL}$　P_2　P_3 16　15　14　13　12　11　10　9 74LS192 1　2　3　4　5　6　7　8 P_1　Q_1　Q_0　CP_D　CP_U　Q_2　Q_3　GND	$CP_+ = 1$, $CP_- = \uparrow$,减法; $CP_+ = \downarrow$, $CP_- = 1$,加法
四位双向通用移位 寄存器 74LS194	V_{CC}　Q_0　Q_1　Q_2　Q_3　CP　M_1　M_0 16　15　14　13　12　11　10　9 74LS194 1　2　3　4　5　6　7　8 $\overline{CLR}$　D_{SR}　D_0　D_1　D_2　D_3　D_{SL}　GND	$D_{0\sim3}$:并行输入端。 $Q_{0\sim3}$:并行输出端。 D_{SR}:右移串引输入端。 D_{SL}:左移串引输入端。 $M_{0\sim1}$:操作模式控制端。 CP:时钟脉冲输入端
555 定时器	V_{CC}　u_O'　TH　u_{IC} 8　7　6　5 555 1　2　3　4 GND　$\overline{TR}$　u_O　$\overline{R}_D$	$\overline{TR}$:触发输入端。 u_O:输出端。 $\overline{R}_D$:复位端。 U_{IC}:控制电压端。 TH:阈值输入端。 u'_O:放电端
ADC 0809	ADC0809 IN_3 1　28 IN_2 IN_4 2　27 IN_1 IN_5 3　26 IN_0 IN_6 4　25 A_0 IN_7 5　24 A_1 START 6　23 A_2 EOC 7　22 ALE D_3 8　21 D_7 OE 9　20 D_6 CLOCK 10　19 D_5 V_{CC} 11　18 D_4 $V_{REF(+)}$ 12　17 D_0 GND 13　16 $V_{REF(-)}$ D_1 14　15 D_2	$IN_{0\sim7}$:模拟信号输入端。 $A_{0\sim2}$:地址输入端。 ALE:地址锁存允许输入端。 START:启动信号输入端。 EOC:转换结束输出端。 OE:输入允许信号

附录 C　常用码表

表 C-1　ASCII 码表

编码 低 4 位	高 3 位 HEX 码	000	001	010	011	100	101	110	111
		0	1	2	3	4	5	6	7
0000	0	NUL	DLE	SP	0	@	P	_	p
0001	1	SOH	DC1	!	1	A	Q	a	q
0010	2	STX	DC2	“	2	B	R	b	r
0011	3	ETX	DC3	#	3	C	S	c	s
0100	4	EOT	DC4	$	4	D	T	d	t
0101	5	ENQ	NAK	%	5	E	U	e	u
0110	6	ACK	SYN	&	6	F	V	f	v
0111	7	BEL	ETB	‘	7	G	W	g	w
1000	8	BS	CAN	(	8	H	X	h	x
1001	9	HT	EM	)	9	I	Y	i	y
1010	A	LF	SUB	*	:	J	Z	j	z
1011	B	VT	ESC	+	;	K	[	k	{{
1100	C	FF	FS	‘	<	L	/	l	|
1101	D	CR	GS	—	=	M	]	m	}}
1110	E	SO	RS	.	>	N	ˆ	n	~
1111	F	SI	US	/	?	O	-	o	DEL

表 C-2　常用的 BCD 编码表

十进制数	8421 码	余 3 码	2421(A)码	2421(B)码	5211 码	余 3 循环码	右移码
0	0000	0011	0000	0000	0000	0010	00000
1	0001	0100	0001	0001	0001	0110	10000
2	0010	0101	0010	0010	0100	0111	11000
3	0011	0110	0011	0011	0101	0101	11100
4	0100	0111	0100	0100	0111	0100	11110
5	0101	1000	0101	0101	1000	1100	11111
6	0110	1001	0110	1100	1001	1101	01111
7	0111	1010	0111	1101	1100	1111	00111
8	1000	1011	1110	111	1101	1110	00011
9	1001	1100	1111	1111	1111	1010	00001
权	8421	×	2421	2421	5211	×	×

附录 D　课程设计图(仅供参考)

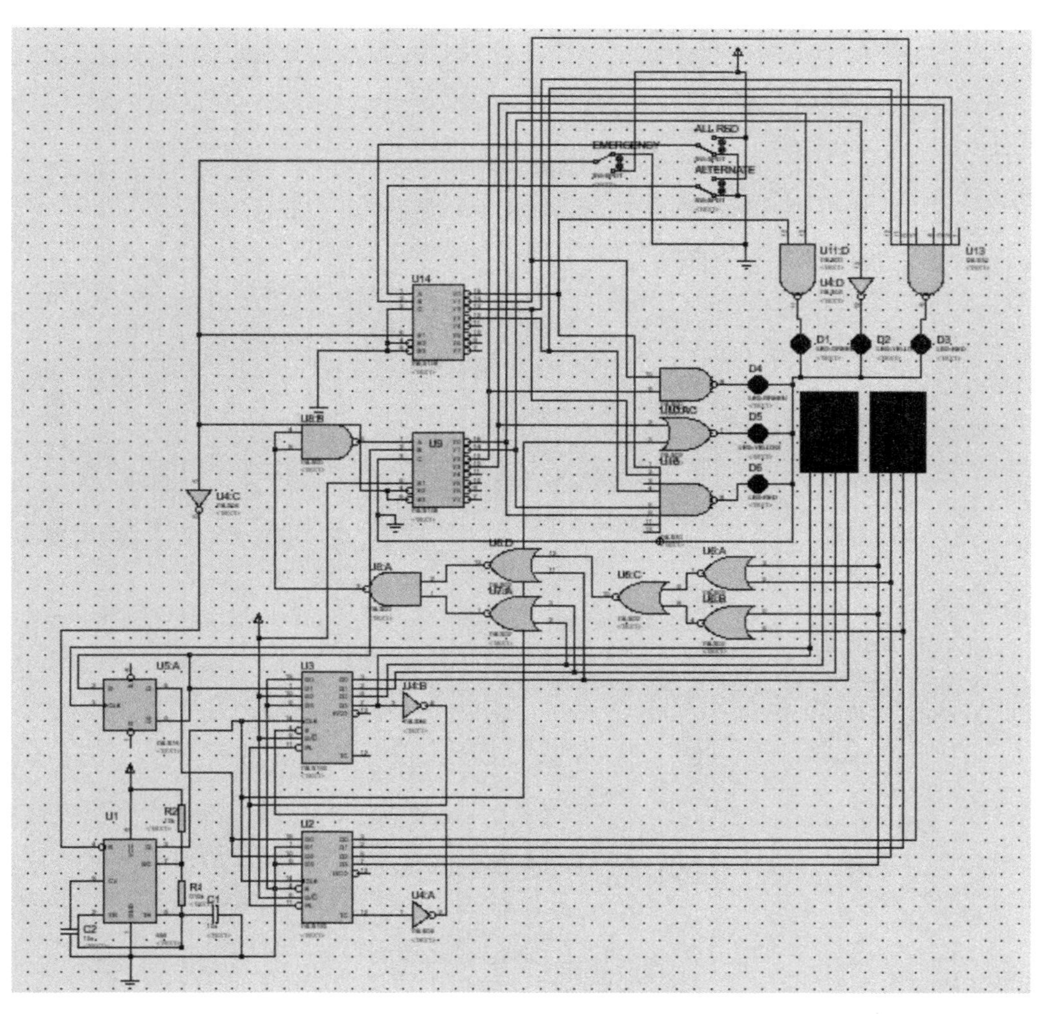

图 D-1　交通灯参考电路图

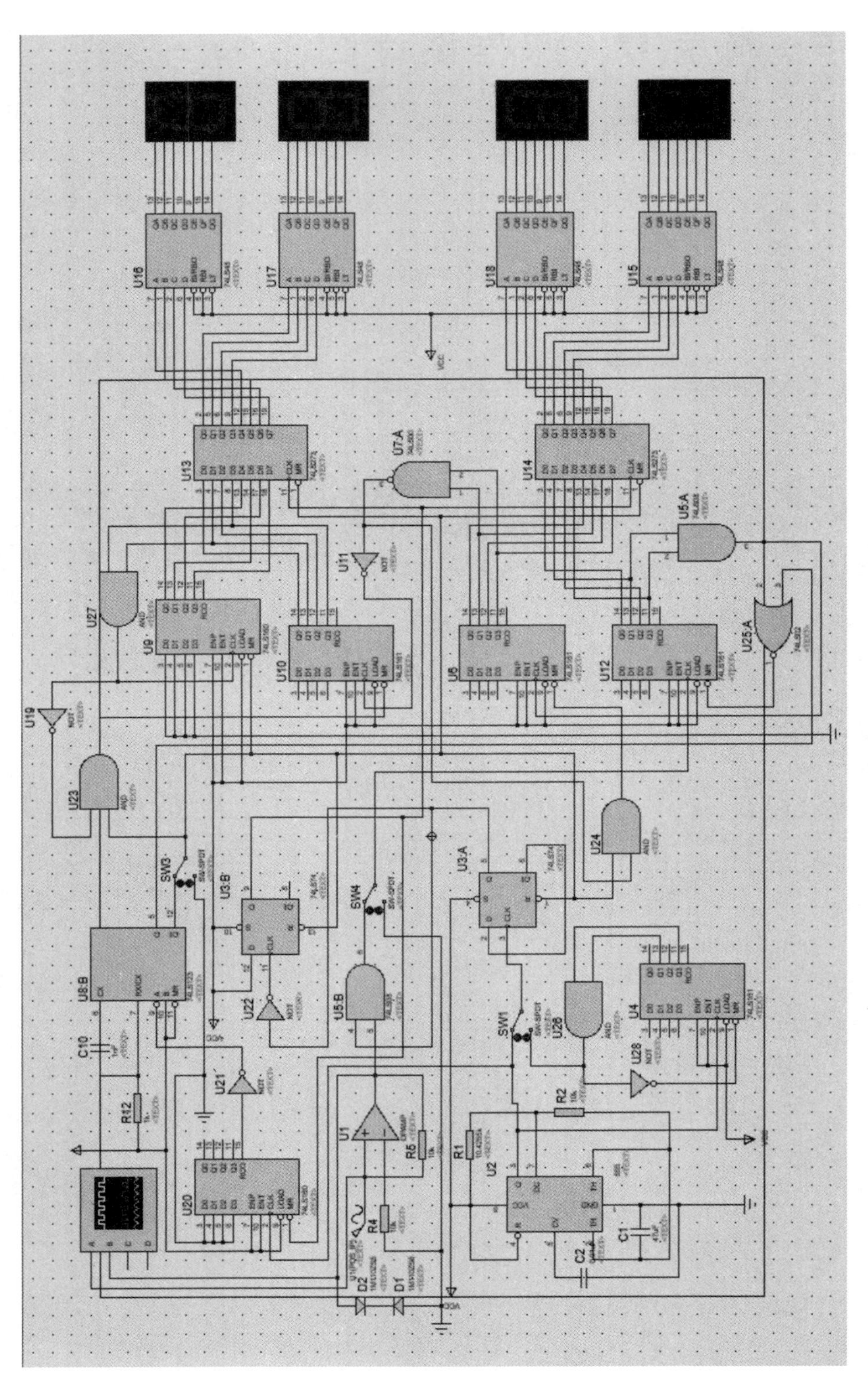

图 D-2 频率计参考电路图

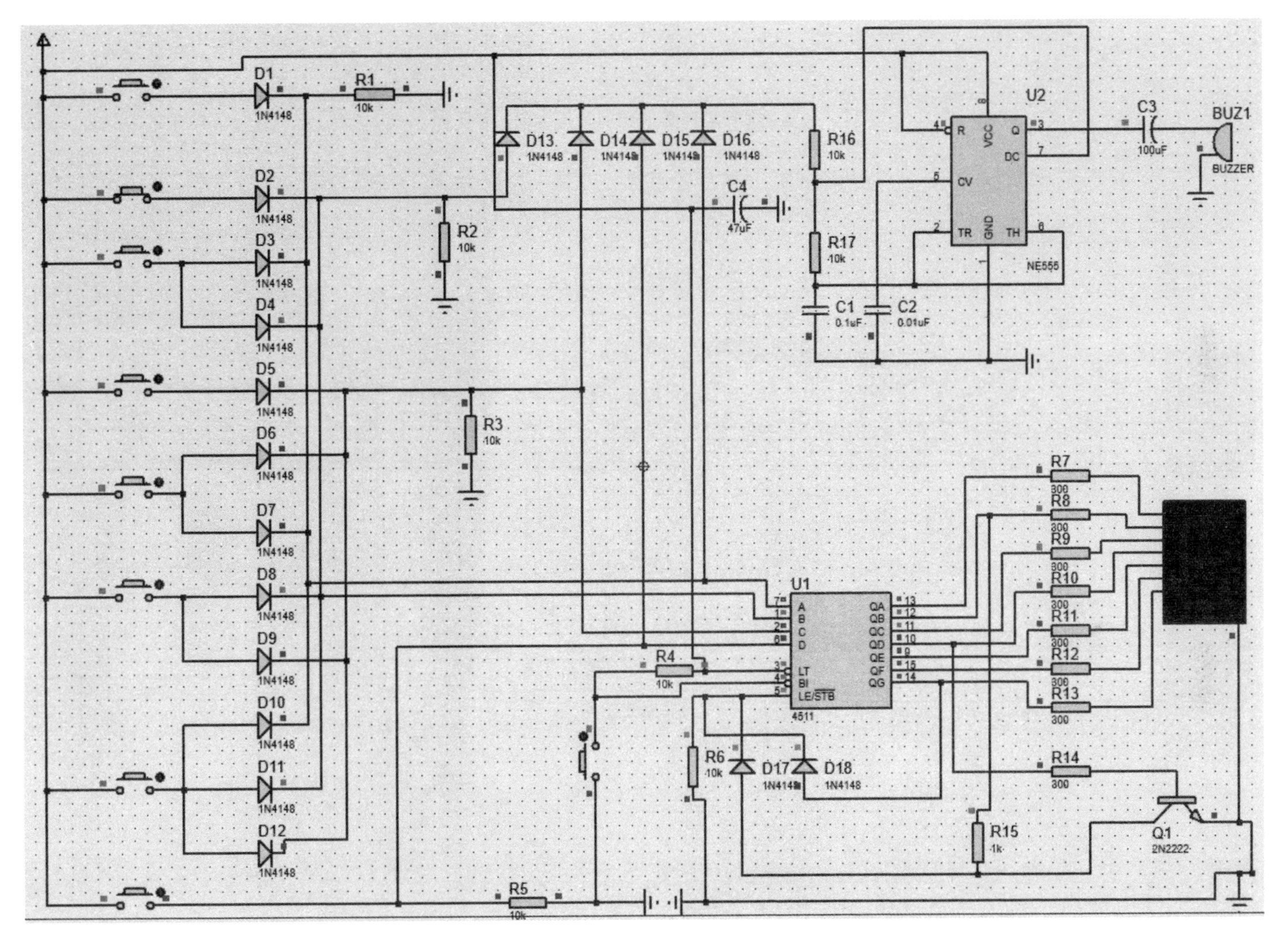

图 D-3　八路抢答器参考电路图

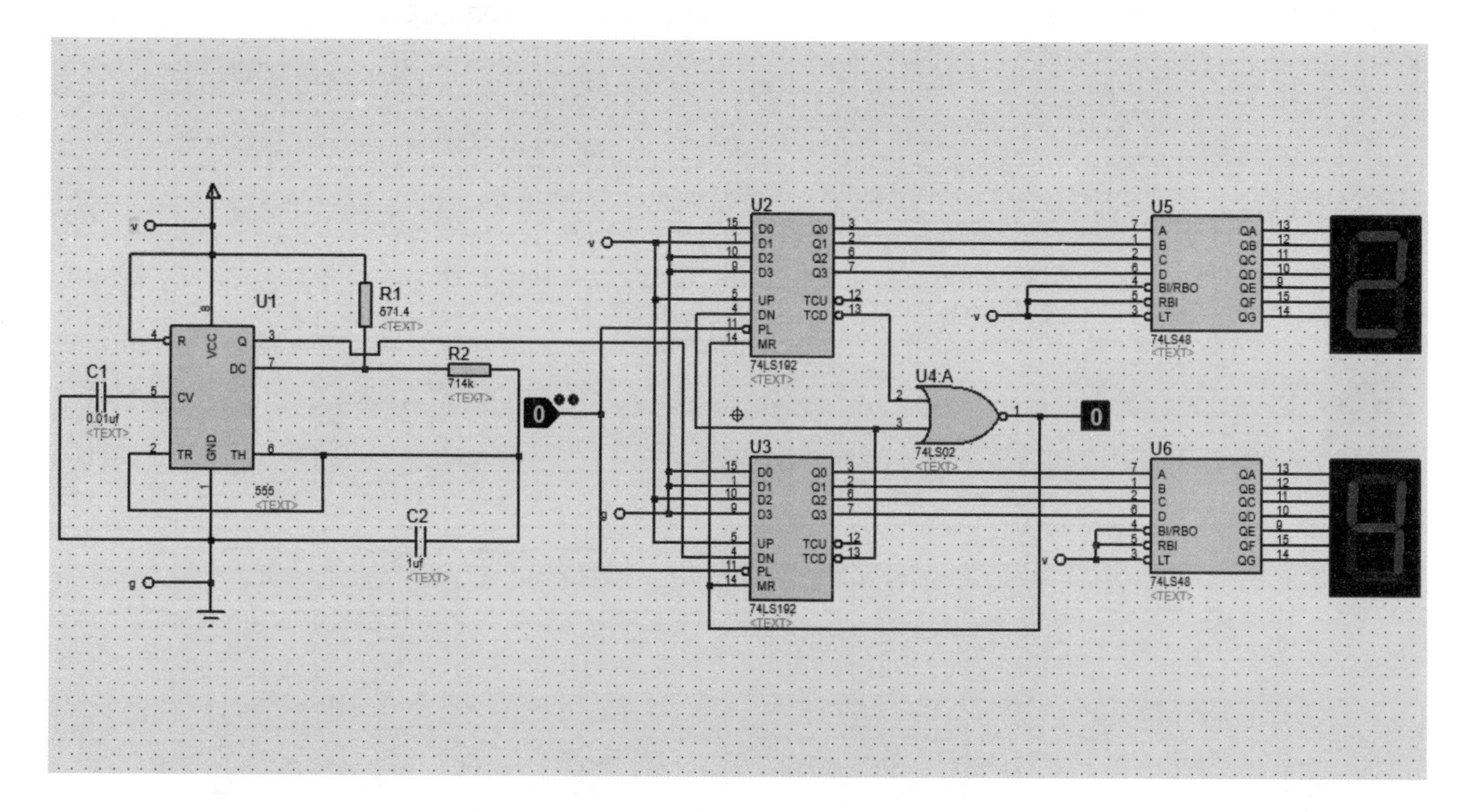

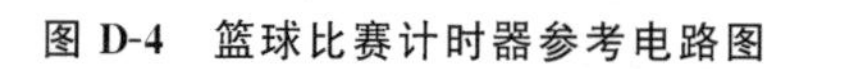
图 D-4　篮球比赛计时器参考电路图

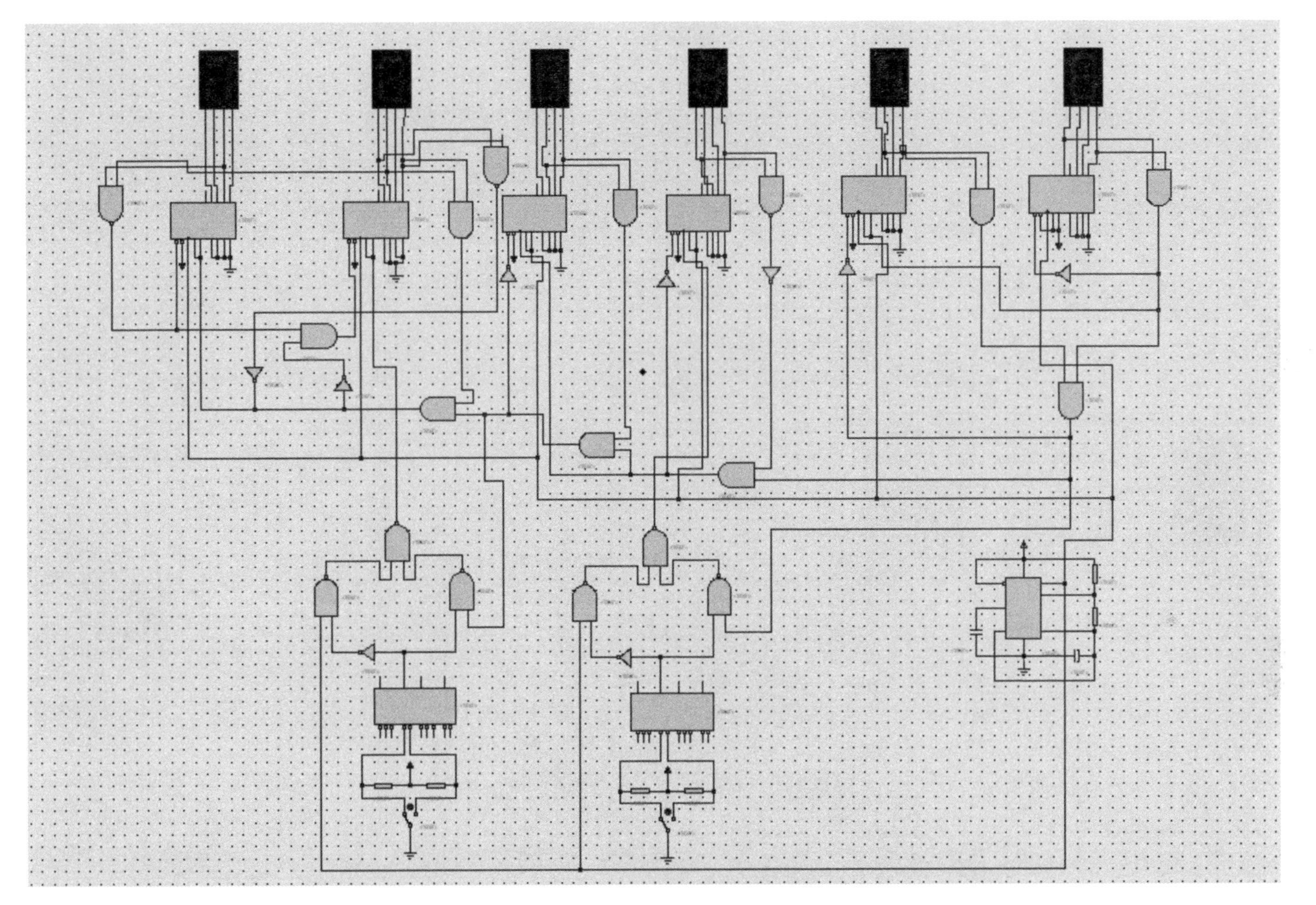

图 D-5 数字时钟参考电路图

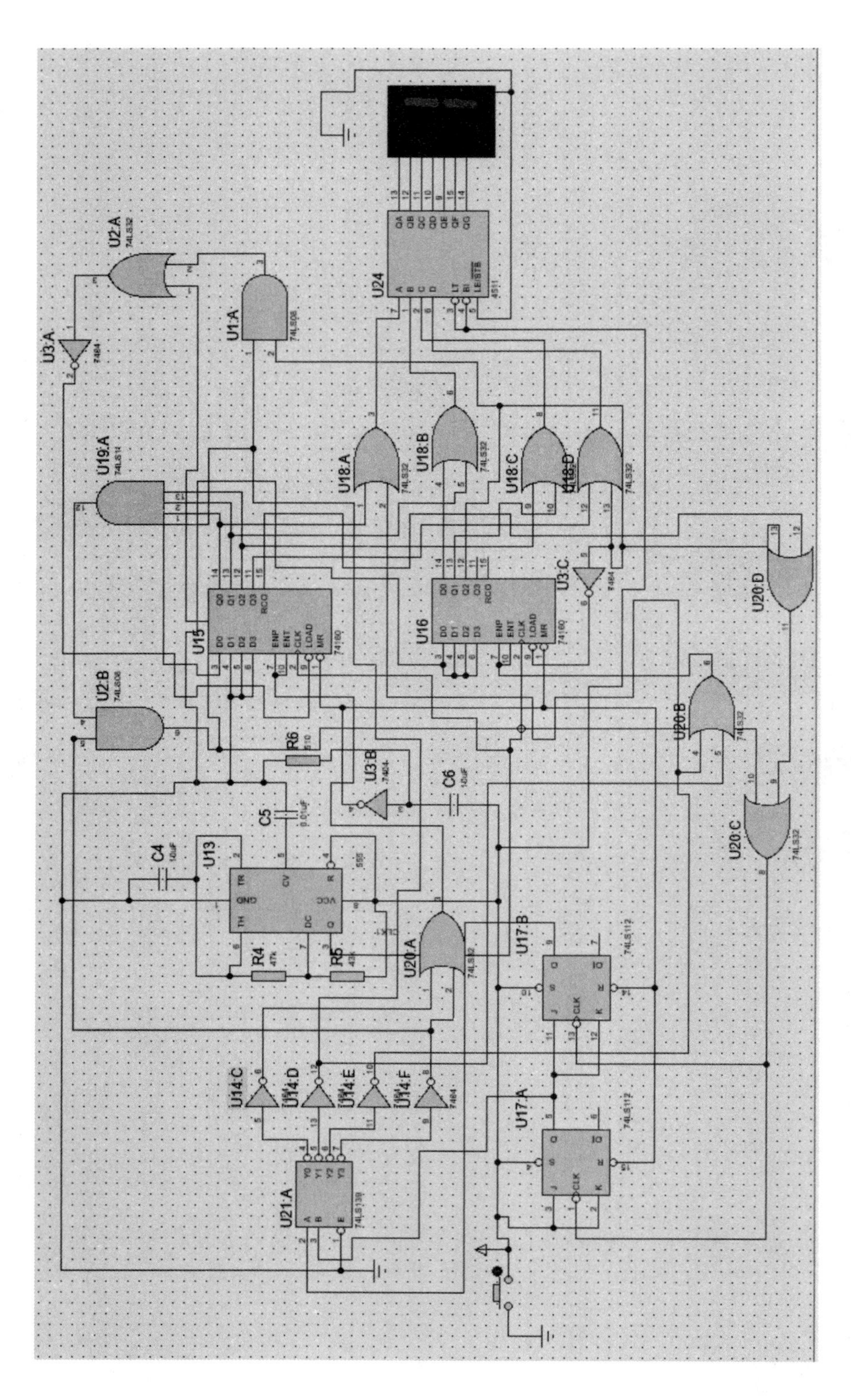
U2:A
74LS32
U1:A
74LS08
U24
4511
U3:A
74LS04
U19:A
U18:A
U18:B
U18:C
U18:D
U15
74160
U16
74160
U3:C
U20:D
U2:B
74LS08
R6
U3:B
C6
U20:B
C5
C4
U13
555
R4
R5
U20:A
U20:C
U17:B
74LS112
U14:C
U14:D
U14:E
U14:F
U17:A
74LS112
U21:A
74LS139

图 D-6 彩灯参考电路图

附录E 实验报告

实验报告

专业__________________班级__________________课程____________________

姓名__________________组别__________________同组者__________________

指导老师__________________实验日期__________________第______次实验

一、实验名称

二、实验任务及要求

三、实验设备及型号

四、实验设计及步骤

（1）实验原理。

（2）实验步骤。

五、实验结果及分析

（1）实验数据分析。

（2）实验出现的问题及解决方案。

六、实验思考及总结

（1）实验思考。

（2）实验总结。

（3）实验创新。

七、老师梳理

参考文献

[1] 钟化兰. 数字电子技术实验及课程设计教程[M]. 西安:西北工业大学出版社,2015.

[2] 沈小丰. 电子线路实验——电路基础实验[M]. 北京:清华大学出版社,2007.

[3] 郭永贞,许其清,袁梦,等. 数字电子技术[M]. 4 版. 南京:东南大学出版社,2018.

[4] 吴慎山. 数字电子技术实验与仿真[M]. 北京:电子工业出版社,2018.

[5] 尤佳,李春雷. 数字电子技术实验与课程设计[M]. 2 版. 北京:机械工业出版社,2017.

[6] 周敏. 数字电子技术实验教程[M]. 2 版. 北京:化学工业出版社,2014.

[7] 清华大学电子学教研组. 数字电子技术基础[M]. 5 版. 北京:高等教育出版社,2006.

[8] 陈大钦. 电子技术基础实验——电子电路实验·设计·仿真[M]. 2 版. 北京:高等教育出版社,2000.

[9] 高文焕,张尊侨,徐振英,等. 电子技术实验[M]. 北京:清华大学出版社,2004.

[10] 蔡惟铮. 基础电子技术[M]. 北京:高等教育出版社,2004.

[11] 罗杰,谢自美. 电子线路·实验·测试. [M]. 4 版. 北京:电子工业出版社,2009.

[12] 杨玉国,王秀敏. 数字电子技术实验[M]. 沈阳:东北大学出版社,2006.

[13] 康华光,邹寿彬,秦臻. 电子技术基础[M]. 5 版. 北京:高等教育出版社,2006.

[14] 李士雄,丁康源. 数字集成电子技术教程[M]. 北京:高等教育出版社,1993.

[15] 杨小雪. 数字电子技术实验教程[M]. 成都:西南交通大学出版社,2011.

[16] 李哲英. 电子技术及其应用基础(数字部分)[M]. 2 版. 北京:高等教育出版社,2009.

[17] 彭容修. 数字电子技术基础[M]. 武汉:华中理工大学出版社,2000.

[18] 蔡明生. 电子设计[M]. 北京:高等教育出版社,2004.

[19] 王维斌,仲瑞鹏. 数字电子技术实验教程[M]. 西安:西北工业大学出版,2008.

[20] 沈尚贤. 电子技术导论(上)[M]. 北京:高等教育出版社,1985.

[21] 王小海,祁才君,阮秉涛. 集成电子技术基础教程(下)[M]. 2 版. 北京:高等教育出版社,2008.